"Wie

man

leicht

zeigt..."!

Mathematik

Ein paar weitere Skizzen, Einsichten, Perlen und Edelsteine, oder einfach ein paar Gute–Nacht–Geschichten mit Mathematik!

P.S.: Es ist statistisch belegt:
12 von 8 Menschen sind mit Mathematik total überfordert.

Mit besten Dank an Wikipedia für die Lebensdaten einiger Mathematiker:

H.U. Keller

Inhaltsverzeichnis

Inhalt

Über den Autor

Hans Ulrich Keller wurde am 10. Mai 1949 in Rüti–ZH (Schweiz) geboren. Nach der Primarschule in Rüti und der Matura Typus B an der KZO Wetzikon begann er 1980 sein Studium der Physik und Mathematik an der Universität Zürich, das er mit dem Diplom in Experimentalphysik sowie den Diplomen für das Höhere Lehramt in Mathematik und in Physik abschloss.

Am Institut für Biomedizinische Technik der ETH und der Universität Zürich entstand in den Jahren 1975 bis 1979 seine Dissertation zum Thema Computertomographie.

Seit dem Jahre 1980 unterrichtete er an der Kantonsschule Zürcher Oberland (KZO) in Wetzikon Mathematik, Physik und Informatik, und ab dem Jahre 2007 bis zu seiner Pensionierung 2014 die gleichen Fächer am Mathematisch Naturwissenschaftlichen Gymnasium (MNG) in Zürich.

Während dieser Unterrichtszeit, aber auch danach, traf er immer wieder auf interessante mathematische und physikalische Probleme, Fragestellungen und Zusammenhänge, deren Darstellung und Auflösung er – immer auf einer einzigen Seite – didaktisch geschickt und mit viel Humor aufgeschrieben hat, woraus eben das hier vorliegende Buch entstanden ist.

Der Titel: "Wie man leicht zeigt..." ist die Ausrede von gewissen Mathematikern, bei einem Beweis genau die schwierigsten Teile auszulassen! Der Autor hingegen behandelt mit den vorliegenden mathematischen Skizzen, Einsichten, Perlen und Edelsteine gerade die jeweils essentiellen Aspekte ausführlich und mit der notwendigen Detailgenauigkeit, weshalb auch Nicht–Mathematiker auf diesen Seiten viele nette Erkenntnisse (oder Gute–Nacht–Geschichten!) finden werden!

Kommentare und Anregungen sind jederzeit willkommen: hukkeller@bluewin.ch .

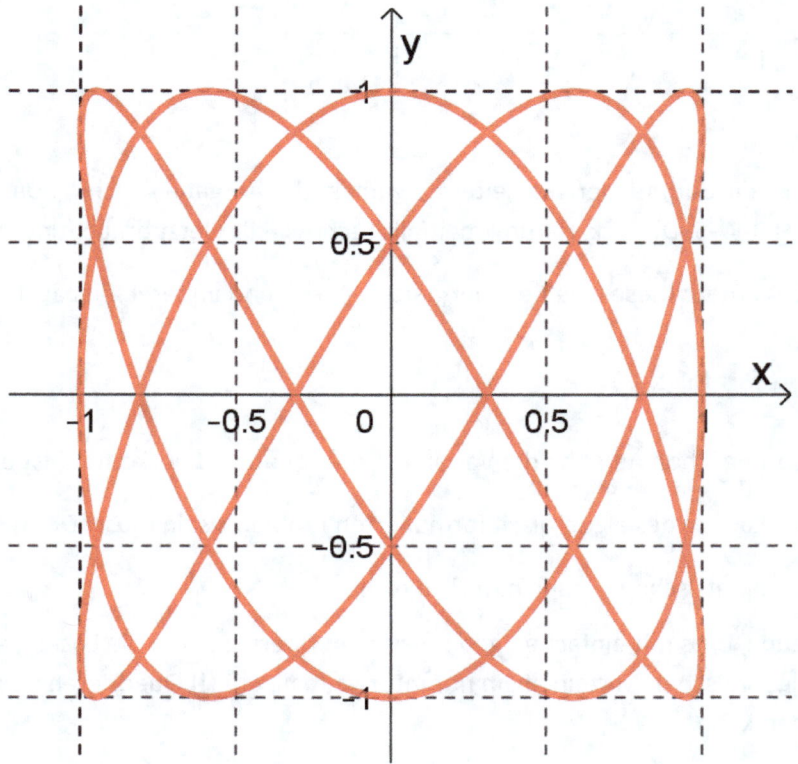

Geometrische oder algebraische Lösung?

Gesucht sind Lösungen der Gleichung $\sqrt{16-x^2}+\sqrt{9-x^2}=5$, wie sie von 'bprb' im Internet vorgeschlagen wurde. Gängiges algebraisches Vorgehen ist es, zunächst einmal beide Seiten zu quadrieren, was zu $16-x^2+9-x^2-25=2\sqrt{16-x^2}\cdot\sqrt{9-x^2}$ führt, oder äquivalent dazu, auf $-x^2=\sqrt{16-x^2}\cdot\sqrt{9-x^2}$. Die Wurzeln werden wir damit noch nicht los, aber erneutes Quadrieren hilft und führt auf $0=144-25x^2$. Damit wird $x_{1,2}=\pm\dfrac{12}{5}$.

Diese Aufgabe lässt sich aber auch mit geometrischen Überlegungen lösen:

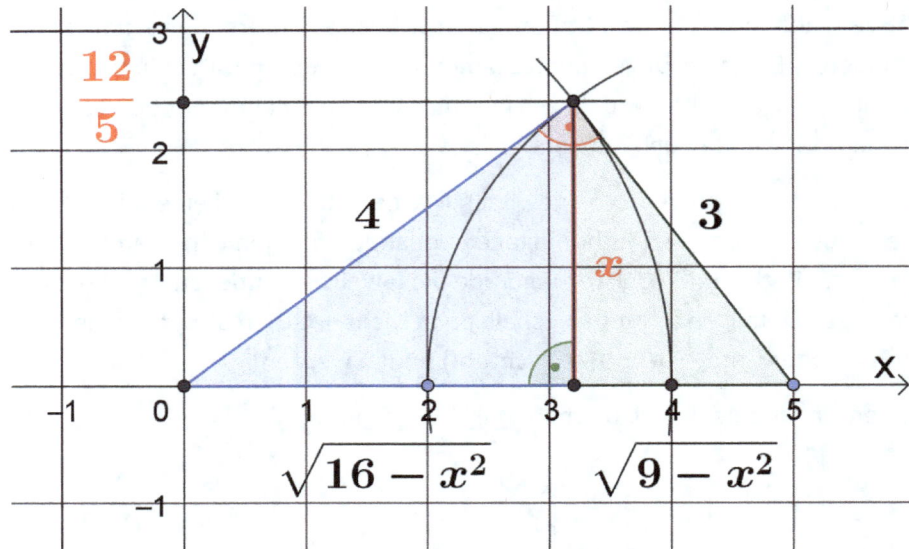

Es lässt sich ein blaues rechtwinkliges Dreieck mit der Hypotenuse 4 und den Katheten $\sqrt{16-x^2}$ und x zeichnen, sowie ein grünes rechtwinkliges, anschliessendes Dreieck mit der Hypotenuse 3 und der Kathete $\sqrt{9-x^2}$ und der gleichen Strecke x als zweite Kathete.

Netterweise ist die Summe der Wurzelterme gemäss der Aufgabe gleich 5. Das kombinierte ganze Dreieck ist, als 3–4–5–Dreieck, darum ebenfalls rechtwinklig! Jetzt braucht nur noch dessen Fläche berechnet zu werden: Diese ist einerseits gleich $\dfrac{1}{2}\cdot 3\cdot 4$ und andererseits auch gleich $\dfrac{1}{2}\cdot 5\cdot x$, woraus $x=\dfrac{12}{5}$ sofort folgt.

Da in der ursprünglichen Aufgabe die Variable x nur **quadriert** vorkommt, ist es klar, dass auch $x=-\dfrac{12}{5}$ eine Lösung des algebraisch formulierten Problems sein muss. Diese negative Lösung ergibt sich aus der geometrischen Lösung natürlich nicht.

Es macht Freude, dass mit einfachen geometrischen Überlegungen die Lösung einer Aufgabe möglich ist, die mit algebraischen Mitteln allein nur mit zweimaligem (!) Quadrieren von Wurzeltermen gefunden werden kann.

Black Body Radiation

Am Ende des 19. Jahrhunderts war es ein riesiges Problem der Physik, die spektrale Energiedichte der Strahlung eines sog. 'Schwarzen Körpers' der absoluten Temperatur T angeben zu können.

Max Planck fand eine passende Formel mittels Versuch und Irrtum, ohne diese zunächst aber begründen zu können. Die Begründung gelang ihm erst mit Hilfe der aufkommenden Quantenmechanik, die Licht als Quanten mit einer Energie $E = h\nu = \dfrac{hc}{\lambda}$ betrachtet. Die Funktionen $u_\nu(\nu, T)$ resp. $u_\lambda(\lambda, T)$ geben das spektrale Emissionsvermögen eines Schwarzkörperstrahlers pro Flächeneinheit und für Lichtfrequenzen im Bereich $\nu...\nu + d\nu$ resp. für Wellenlängen im Bereich $\lambda...\lambda + d\lambda$ an:

$$u_\nu(\nu, T) = \frac{2\pi h\nu^3}{c^2} \cdot \frac{1}{\exp\left(\dfrac{h\nu}{kT}\right) - 1} \quad \text{resp.} \quad u_\lambda(\lambda, T) = \frac{2\pi hc^2}{\lambda^5} \cdot \frac{1}{\exp\left(\dfrac{hc}{\lambda kT}\right)}.$$

Dabei ist $h = 6.62606896 \cdot 10^{-34}\, Js$ das Planck'sche Wirkungsquantum und $k = 1.3806504 \cdot 10^{-23}\, J/K$ die Boltzmann–Konstante.

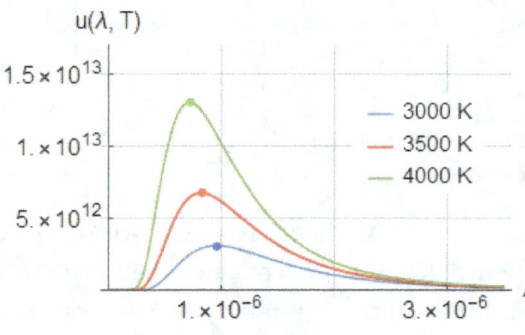

In der links stehenden Figur ist das spektrale Emissionsvermögen von drei 'Schwarzen Körpern' mit verschiedenen Temperaturen wiedergegeben; $u(\lambda, T)$ hat die (SI–) Einheit $\dfrac{J}{s \cdot m^2} \cdot \dfrac{1}{m}$, und λ ist in Metern angegeben. Die Punkte geben jeweils das Maximum des Emissionsverögens an. Dieses Maximum verschiebt sich gemäss dem Wien'schen Verschiebungsgesetz, das besagt, dass $\lambda_{\max} \cdot T$ eine Konstante ist: $\lambda_{\max} \cdot T = 2.8977685 \cdot 10^{-3}\, m \cdot K$. Bei wachsenden Temperaturen verschiebt sich folglich dieses Maximum zu kürzeren Wellenlängen.

Hier muss weiter das Stefan–Boltzmann–Gesetz erwähnt werden, das besagt, dass die gesamte Strahlungsleistung P eines 'Schwarzen Körpers' pro Flächeneinheit proportional zur 4. Potenz seiner absoluten Temperatur ist: $\dfrac{dP}{dA} = \sigma \cdot T^4$. Experimentell waren dieser Zusammenhang und ein Wert der Konstanten σ gefunden worden, bevor die in allen Konstanten korrekte Formel von Planck bekannt war! Die Integration von $u(\lambda, T)$ über die Wellenlänge λ von 0 bis unendlich ergibt:

$$\sigma = \frac{2\pi^5 k^4}{15 h^3 c^2} = 5.670374419 \cdot 10^{-8}\, \frac{W}{m^2 K^4}.$$

Die grossartigen Leistungen von Max Planck (* 23. April 1858), Josef Stefan (* 24. März 1835), Ludwig Boltzmann (* 20. Februar 1844), Wilhelm Wien (* 13. Januar 1864) und vielen anderen (insbesondere auch Experimental–) Physikern können heute kaum genügend hoch gewürdigt werden!

Ein Dreieck–Spass!

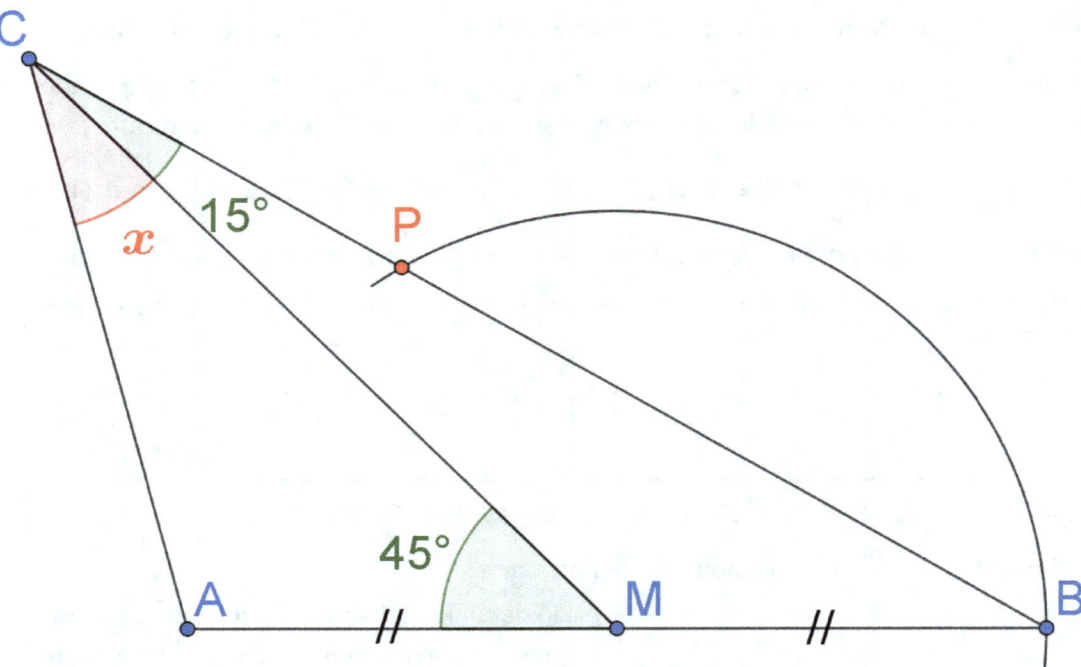

Gefragt ist der Winkel x. Diese Aufgabe sowie deren Lösung kann im Internet unter https://www.youtube.com/watch?v=H8SOQxsRWig gefunden werden.

Auf dieser Seite bleibt unten viel Platz für die eigene Lösung! Als erster Tipp: Der Aussenwinkel eines Dreiecks ist gleich der Summe der entgegengesetzten Innenwinkel. Das kann angewendet werden, um den Winkel MBC zu finden. Ein zweiter Tipp ist der oben zusätzlich eingezeichnete Kreisbogen, der den Punkt P definiert. Nette Überraschungen sind garantiert: Es gibt viele gleichschenklige Dreiecke zu finden! Das Dreieck oben ist massstäblich gezeichnet, und eine Messung würde $x \approx 30°$ ergeben, was allerdings keinen Beweis darstellt! Viel Spass!

Fläche zwischen Umkreis und Inkreis

Reguläre n – Ecke mit Seitenlängen 1 haben einen Umkreis mit dem Radius r_a und einen Inkreis mit dem Radius r_i. Dann ist der Flächeninhalt des Kreisringes mit Aussenradius r_a und Innenradius r_i erstaunlicherweise gleich $\dfrac{\pi}{4}$, unabhängig vom Wert der natürlichen Zahl n (mit $n \geq 3$)!

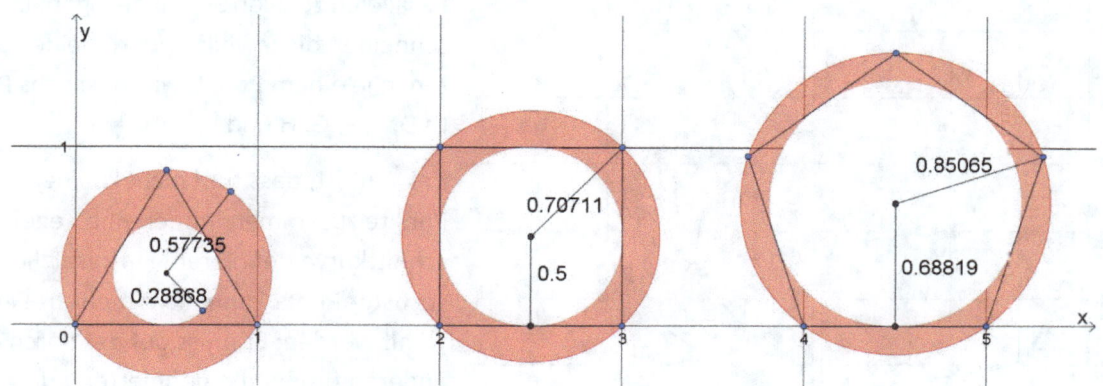

Mit den Zahlen in der obigen Figur kann diese Behauptung für $n=3$, 4 und 5 angenähert überprüft werden. Im Rahmen der Genauigkeit von etwa fünf signifikanten Stellen scheint die Behauptung zu stimmen.

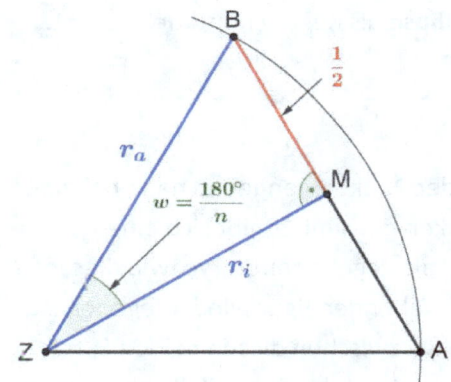

Der Beweis folgt hier:

In der nebenstehenden Figur ist einer der n Sektoren eines regulären n – Ecks wiedergegeben. Der halbe Sektorwinkel ist allgemein $\omega = \dfrac{180°}{n}$. Es wird klar, dass $r_a = \dfrac{1}{2\sin(\omega)}$ und $r_i = \dfrac{1}{2\tan(\omega)}$ ist.

Der Flächeninhalt des Kreisringes wird damit

$$A = \pi\left(r_a^2 - r_i^2\right) = \frac{\pi}{4}\left(\frac{1}{\sin(\omega)^2} - \frac{1}{\tan(\omega)^2}\right) = \frac{\pi}{4}\left(\frac{\tan(\omega)^2 - \sin(\omega)^2}{\tan(\omega)^2 \cdot \sin(\omega)^2}\right).$$

In der letzten Klammer kann $\tan(\omega)^2$ durch $\dfrac{\sin(\omega)^2}{\cos(\omega)^2}$ ersetzt werden; jetzt lässt sich dieser Bruch mit $\sin(\omega)^2$ kürzen und zu $\dfrac{1-\cos(\omega)^2}{\sin(\omega)^2}$ vereinfachen. Weil $\sin(\omega)^2 + \cos(\omega)^2 \equiv 1$ ist, wird diese Klammer tatsächlich gleich 1, und dies für jeden Winkel ω und somit für jede natürliche Zahl $n \geq 3$.

Und netterweise stimmt diese Beziehung sogar für ein 'reguläres Zweieck', also für $n=2$!

Liegen alle Punkte auf einer Kegelschnittkurve?

Dieses Problem geht auf Tim Brzezinski zurück:

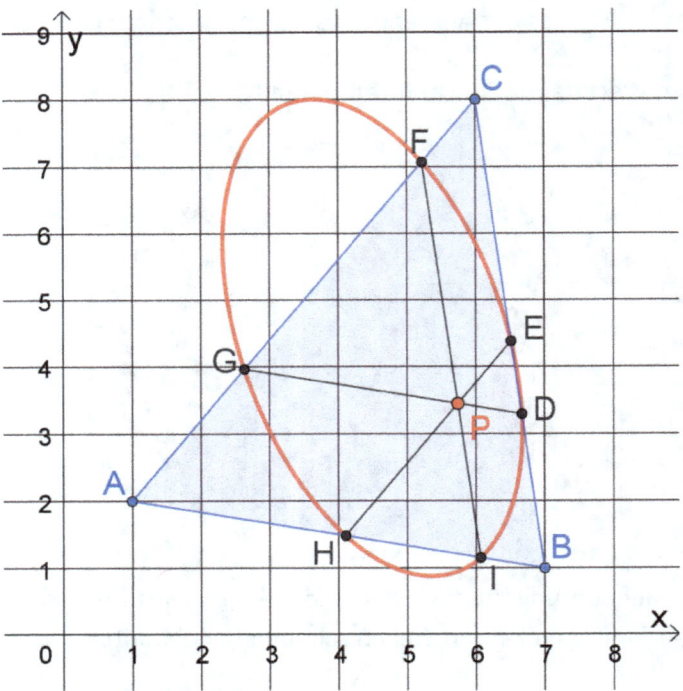

Bei einem beliebigen Dreieck ABC wird ein beliebiger Punkt P im Innern des Dreiecks gewählt. Durch diesen Punkt P werden Parallelen zu allen Seiten gezogen. Diese schneiden die jeweils andern beiden Seiten in je einem Punkt, was die sechs Punkte D, E, F, G, H und I ergibt.

Bekannt ist, dass fünf nicht kollineare Punkte zusammen immer eine Kegelschnittkurve definieren. Ein zusätzlicher sechster Punkt kann nicht mehr frei gewählt werden: Er muss auf der durch die anderen fünf Punkt definierten Kurve liegen.

Beh.: Diese sechs Punkte liegen auf einer Kegelschnittkurve.

In der obigen Figur ist die Lage von P so gewählt, dass sich eine **Ellipse** als Kegelschnittkurve ergibt.

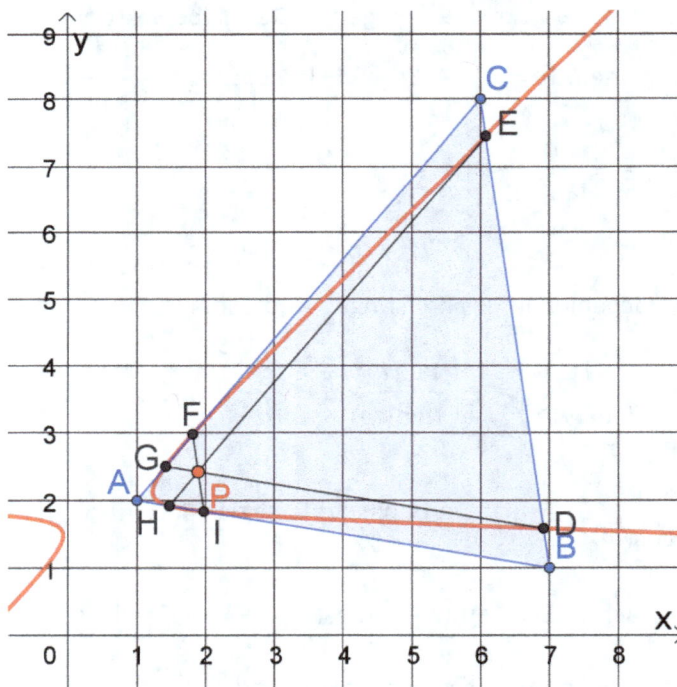

Wird der Punkt P genügend nahe bei einer der Ecken gewählt, ergibt sich eine **Hyperbel** als Kegelschnittkurve, wie dies in nebenstehender Figur wiedergegeben ist. Irgendwo zwischen diesen beiden Extremen ergibt sich als Spezialfall auch einmal eine **Parabel**!

Vielleicht ist die Sache ja geradezu trivial; mir ist allerdings aber (noch) kein Beweis dazu bekannt!

Teilbarkeitsregel für die Teilbarkeit durch 7

Eine Teilbarkeitsregel für die Teilbarkeit einer Zahl n durch 7 lautet wie folgt:

Nimm von der Zahl n die Einerstelle weg, und addiere dann zu dieser etwa 10-mal kleineren Zahl das 5–fache der weggenommenen Einerstelle. Ist diese neue, kleinere Zahl durch 7 teilbar, dann ist auch die ursprüngliche Zahl durch 7 teilbar, und umgekehrt.

Wenn wir h für die Hunderterziffer, z für die Zehnerziffer und e für die Einerziffer verwenden, dann sagt diese Regel formal das Folgende:

> Ist $n_1 = (100h + 10z + e) \in V(7)$, dann ist auch $n_2 = (10h + z + 5e) \in V(7)$, und umgekehrt.
>
> Diese Regel funktioniert auch dann, wenn die zu prüfende Zahl n_1 mehr als 3 Stellen aufweist.

Beispiele:

$n_1 = 182$. Dann ist $n_2 = 10 + 8 + 5 \cdot 2 = 28$. Weil $28 \in V(7)$ ist, ist auch $182 \in V(7)$: In der Tat ist $182 : 7 = 26$, ohne Rest.

$n_1 = 866$. Dann ist $n_2 = 86 + 5 \cdot 6 = 116$. Die Zahl 116 hat den Siebnerrest 4, also ist auch 866 (mit Siebnerrest 5 (!)) nicht durch 7 teilbar.

Warum funktioniert diese Regel?

Sei n_1 eine Siebnerzahl: $n_1 = \underbrace{100h + 10z + 3}_{sei\ \in V(7)} = \underbrace{7 \cdot (14h + z)}_{ist\ \in V(7)} + \underbrace{2h + 3z + e}_{muss\ auch\ \in V(7)\ sein!}$. Damit muss auch das

Dreifache, also $(6h + 9z + 3e) \in V(7)$ sein; und damit ist auch $(6h + 2z + 3e) \in V(7)$.

Wenn $(6h + 2z + 3e) \in V(7)$ ist, dann ist auch $(6h + 2z + 10e) \in V(7)$, also ist auch $(3h + z + 5e) \in V(7)$, und damit ist auch $(10h + z + 5e) \in V(7)$. Diese letzte Zahl ist aber gerade gleich n_2.

Die Argumentation lässt sich rückwärts analog durchführen. Folglich gilt:

$$n_1 \in V(7) \Leftrightarrow n_2 \in V(7)$$

Daraus folgt auch, dass gilt: $n_1 \notin V(7) \Leftrightarrow n_2 \notin V(7)$: Ist n_1 **keine** Siebnerzahl, dann ist auch n_2 keine.

Für Zahlen, die grösser als 999 sind, gilt die Regel analog, mit etwas umfangreicherer Argumentation für den Beweis.

Beispiel:

$n_1 = 3682$. Dann ist $n_2 = 368 + 5 \cdot 2 = 378$, was gleich $54 \cdot 7$ ist. Also ist $n_1 = 3682$ ebenfalls ein Vielfaches von 7: In der Tat ist $3682 = 526 \cdot 7$.

Was ist so speziell an 998001?

Die Zahl 998001 für sich genommen noch nicht aussergewöhnlich. Hingegen hat es ihr Kehrwert in sich! Unten sind Teile der Dezimalzahldarstellung der Zahl $998'001^{-1}$ wiedergegeben:

0.0000010020030040050060070080090100110120130140150160170180190200210
2023024025026027028029030031032033034035036037038039040041042043044
5046047048049050051052053054055056057058059060061062063064065066067
8069070071072073074075076077078079080081082083084085086087088089009
10920930940950960970980991001011021031041051061071081091011111211311
41151161171181191201211221231241251261271281291301311321331341351361
71381391401411421431441451461471481491501511521531541551561571581591
01611621631641651661671681691701711721731741751761771781791801811821
31841851861871881891901911921931941951961971981992002012022032042052
62072082092102112122132142152162172182192202212222232242252262272282

...

86586686786886987087187287387487587687787887988088188288388488588688
88888989089189289389489589689789889899009019029039049059069079089099
1912913914915916917918919920921922923924925926927928929930931932933934
93593693793893994094194294394494594694794894995095195295395495595695795
58959960961962963964965966967968969970971972973974975976977978979980981
9829839849859869879889899909919929939949959969979989

000 001 002 003 004 005 006 007 008 009 010 011 012 013 014 015 016 017 018 019 020
021 022 023 024 025 026 027 028 029 030 031 032 033 034 035 036 037 038 039 040 041
042 043 044 045 046 047 048 049 050 051 052 053 054 055 056 057 058 059 060 061 062
063 064 065 066 067 068

...

Ihre Periode ist 2997–stellig; sie beginnt mit 0.000'001'002'003'004'..., und sie enthält alle (!) dreistelligen Zahlen, allerdings mit der Ausnahme von 998, bis und mit ...'995'996'997'999' in aufsteigender Reihenfolge (!). Das ist doch schon ziemlich speziell! Beachte, dass $998001 = 999^2$ ist.

Eine Erklärung findet sich in der folgenden Tatsache: Für $|x| < 1$ gilt, dass

$$1 + x + 2x^2 + 3x^3 + 4x^4 + \ldots = \frac{1}{(1-x)^2}$$ ist. Wird z. B. $x = \frac{1}{10}$ eingesetzt, ergibt sich für den Hun-

dertstel beider Seiten eine entsprechende Folge; dabei wird auch klar, warum die 8 darin fehlt! Eine weitere Erklärung dieses Phänomens kann unter https://www.youtube.com/watch?v=daro6K6mym8 gefunden werden.

Kleine Programme – grossartige Grafiken!

```
a = {}; eps = 2 Pi / 307;
For[t = 0, t ≤ 2 Pi - eps / 2, t = t + eps,
 P1 = {2. Cos[8 t], 2. Sin[8 t]};
 P2 = {1. Cos[1 t], 1. Sin[1 t]};
 AppendTo[a, {P1, P2}];];
Graphics[{Red, Thin, Line[a]}]
```

Der Punkt P1 bewegt sich auf einem Kreis mit Radius 2, der Punkt P2 auf einem Kreis mit Radius 1. Der Punkt P1 bewegt sich acht Mal so schnell wie der Punkt P2. Alle 1.172638° wird eine Verbindungsstrecke zwischen P1 und P2 gezeichnet.

Dies ist das Resultat:

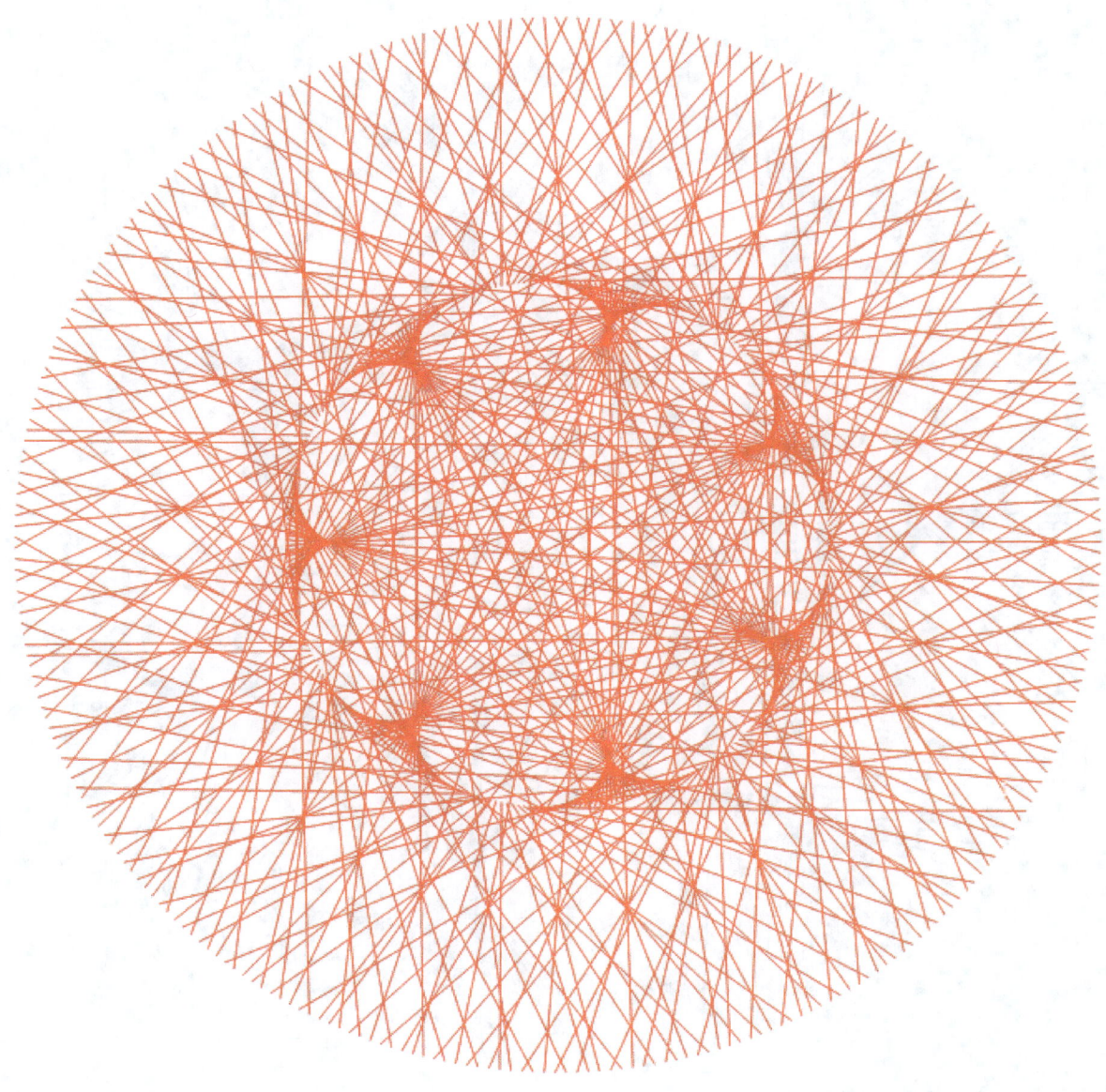

```
a = {}; eps = 2 Pi / 307;
For[t = 0, t ≤ 2 Pi - eps / 2, t = t + eps,
  P1 = {2. Cos[1 t], 2. Sin[1 t]};
  P2 = {1. Cos[8 t], 1. Sin[8 t]};
  AppendTo[a, {P1, P2}];];
Graphics[{Blue, Thin, Line[a]}]
```

Hier bewegt sich der Punkt P1 wieder auf einem Kreis mit Radius 2, der Punkt P2 auf einem Kreis mit Radius 1. Der Punkt P2 bewegt sich acht Mal so schnell wie der Punkt P1. Alle $1.172638°$ wird eine Verbindungsstrecke zwischen P1 und P2 gezeichnet.

Und dies ist hier das Resultat:

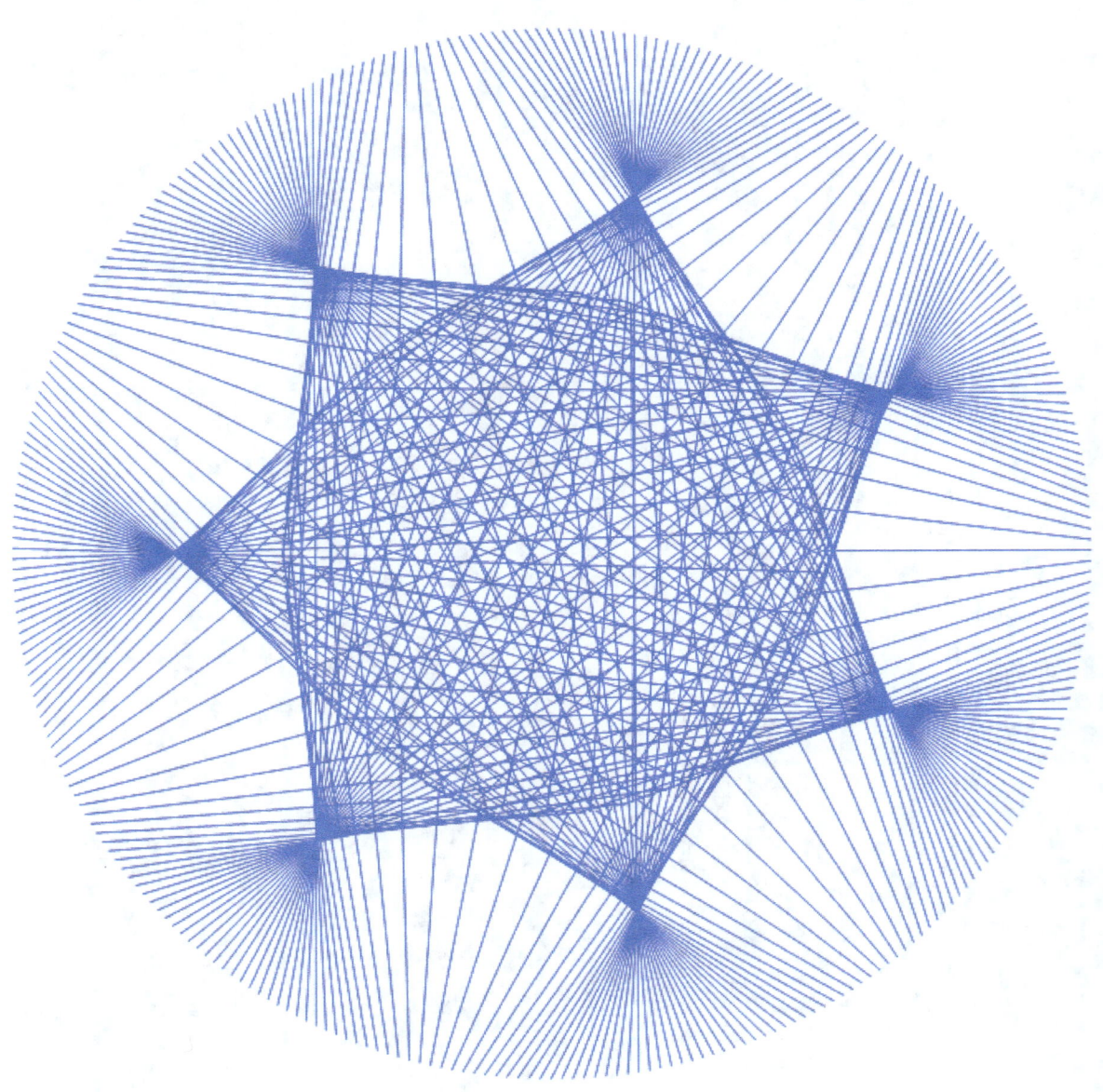

Gleiche Kreisringflächen?

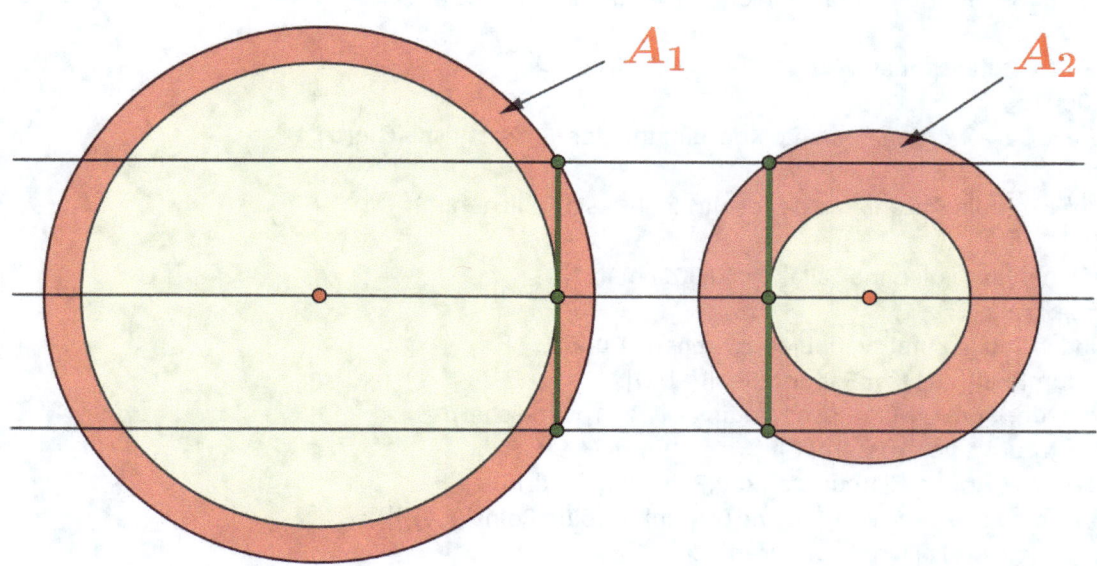

Die in der obigen Grafik eingezeichneten grünen Strecken sind gleich lang. Sie sind in beiden Ringen einerseits Sekanten beim äusseren Kreis und andererseits Tangenten an den inneren Kreis.

Erstaunlicherweise haben beide Kreisringe den gleichen Inhalt, wie man hier wirklich leicht zeigt!

$$A_1 = A_2.$$

Die Kreisringfläche ist gegeben durch $A = \pi\left(R^2 - r^2\right)$, wobei R der Radius des grösseren und r der Radius des kleineren Kreises ist. Wenn L die Länge der Strecke AB ist, dann gilt:

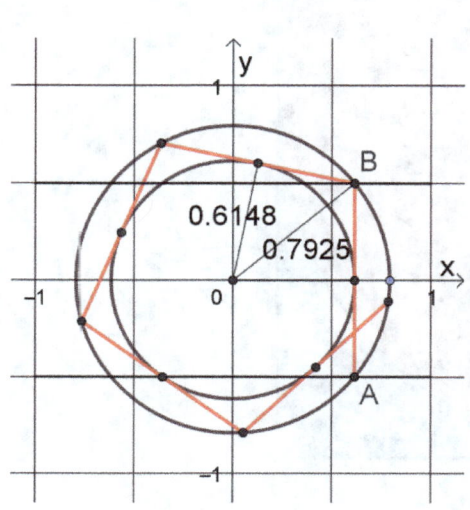

$\left(\dfrac{L}{2}\right)^2 = R^2 - r^2$. Also ist $A = \dfrac{\pi}{4}L^2$. Wird $L = 1$ gewählt,

dann wird $A = \dfrac{\pi}{4}$; dies ist auch dann der Fall, wenn die Län-

ge L **nicht eine ganze Anzahl mal** im grösseren Kreis abge-tragen werden kann. Wäre dies der Fall, dann ergäben sich die Spezialfälle, die oben auf Seite 7 unter "Fläche zwischen Umkreis und Inkreis" bei regulären $n-$Ecken abgehandelt worden ist!

Im nebenstehenden Beispiel haben wir so eine Art "Vierein-halb–Eck", aber dennoch gilt auch hier:

$$\boxed{\pi\left(0.7925^2 - 0.6148^2\right)/\left(\pi/4\right) \approx 1.000}.$$

Monte–Carlo–Berechnung von π

```
bbild=Graphics[{Thick,Circle[{0,0},1]}];
cbild=Graphics[{EdgeForm[Thick],White,Rectangle[{-1,-1},{1,1}]}];
(* Anfangswerte für die Zufallszahlen: *) SeedRandom[1235];

(* Wie viele Zufallspunkte? *)
alle=20001;
(* "punkte": Da werden dann die Koordinaten der Punkte gespeichert. *)
punkte={};
(* "drin" zählt die Anzahl Punkte, die IM Einheitskreis liegen. *)
drin=0;
(* Mach nun das Folgende "alle" (= 20'001) mal: *)
For[k=1,k<=alle,k=k+1,
 (* x und y sind je Zufallsvariablen zwischen -1 und 1: *)
 x=RandomReal[{-1,1}];y=RandomReal[{-1,1}];
 (* Wenn der Punkt IM Kreis mit Radius 1 liegt, rot speichern
 und "drin" um 1 vergrössern: *)
If[x^2+y^2<1,AppendTo[punkte,{Red,Point[{x,y}]}];drin++,
 (* sonst blau speichern: *) AppendTo[punkte,{Blue,Point[{x,y}]}]]];
(* drin / alle = Kreisfläche / Quadratfläche: *)
resultat=4*drin/alle;
abild=Graphics[punkte];
Show[cbild,abild,bbild]
Print["π ist etwa ",N[resultat,6],"."];
```

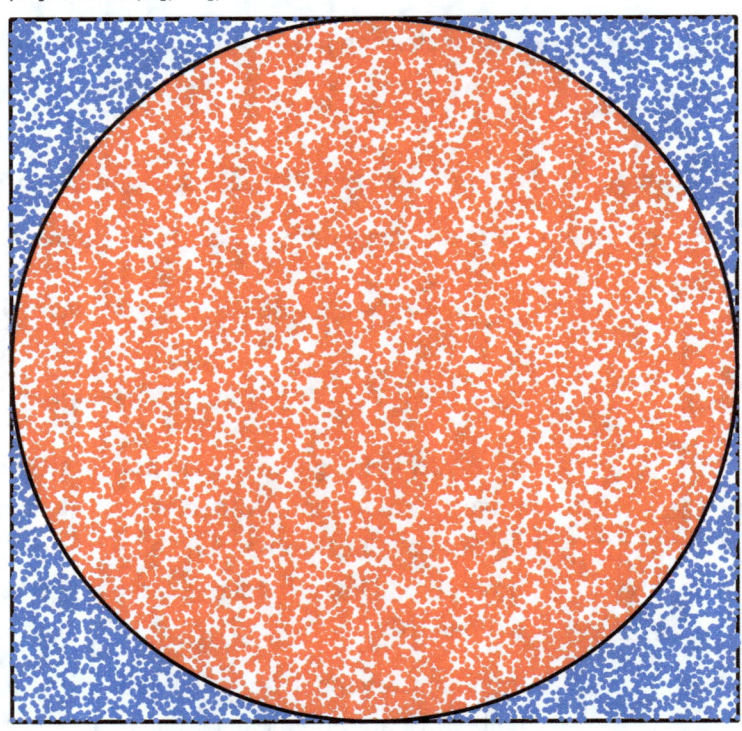

π ist etwa 3.14424.

So fürchterlich genau wird das halt so nicht...!

Der Satz von Wilson

John Wilson (* 6. August 1741 in Applethwaite, Westmorland; †
18. Oktober 1793 in Kendal, Westmorland) war ein britischer Mathematiker und Jurist.

Der Wilson'sche Satz sagt, dass eine natürliche Zahl $k \geq 2$ genau
dann prim ist, wenn der Quotient $q = \dfrac{(k-1)! + 1}{k}$ eine ganze Zahl
ist.

Dieser Zusammenhang wurde von John Wilson Armiger (1741 –
1793) entdeckt und von Louis Lagrange (1736 – 1813) bewiesen.

{2, 1, True}
{3, 1, True}
$\left\{4, \dfrac{7}{4}, \text{False}\right\}$
{5, 5, True}
$\left\{6, \dfrac{121}{6}, \text{False}\right\}$
{7, 103, True}
$\left\{8, \dfrac{5041}{8}, \text{False}\right\}$
$\left\{9, \dfrac{40\,321}{9}, \text{False}\right\}$
$\left\{10, \dfrac{362\,881}{10}, \text{False}\right\}$
{11, 329 891, True}
$\left\{12, \dfrac{39\,916\,801}{12}, \text{False}\right\}$
{13, 36 846 277, True}
$\left\{14, \dfrac{6\,227\,020\,801}{14}, \text{False}\right\}$
$\left\{15, \dfrac{87\,178\,291\,201}{15}, \text{False}\right\}$
$\left\{16, \dfrac{1\,307\,674\,368\,001}{16}, \text{False}\right\}$
{17, 1 230 752 346 353, True}
$\left\{18, \dfrac{355\,687\,428\,096\,001}{18}, \text{False}\right\}$
{19, 336 967 037 143 579, True}
$\left\{20, \dfrac{121\,645\,100\,408\,832\,001}{20}, \text{False}\right\}$

In der Tabelle links sind die ersten paar natürlichen Zahlen
$k \geq 2$ angegeben, daneben der Quotient q sowie der
Wahrheitswert, ob k eine Primzahl ist oder nicht.

Der Satz stimmt jedenfalls für diese ersten paar natürlichen Zahlen.

Der Satz gibt theoretisch die Möglichkeit, zu entscheiden,
ob eine Zahl prim ist oder nicht. Allerdings werden die
Quotienten q schon z. B. für nur gerade kleine dreistellige Werte von k sehr gross verglichen mit k: So ist bekannt, dass 101 prim ist; der zugehörige Quotient q ist
auch tatsächlich ganzzahlig:

92402193508855596714553701837887
82226803561214295210046395342959
92253465279504114940014494813430
87412132374179036855206189292288
03649900990099009900990099009901

Er ist aber auch, mit seinen 158 Stellen, schon viel zu
gross, als dass er für die Untersuchung auf Primalität einer
Zahl von praktischer Bedeutung sein könnte.

– 17 –

Ein nettes Integral

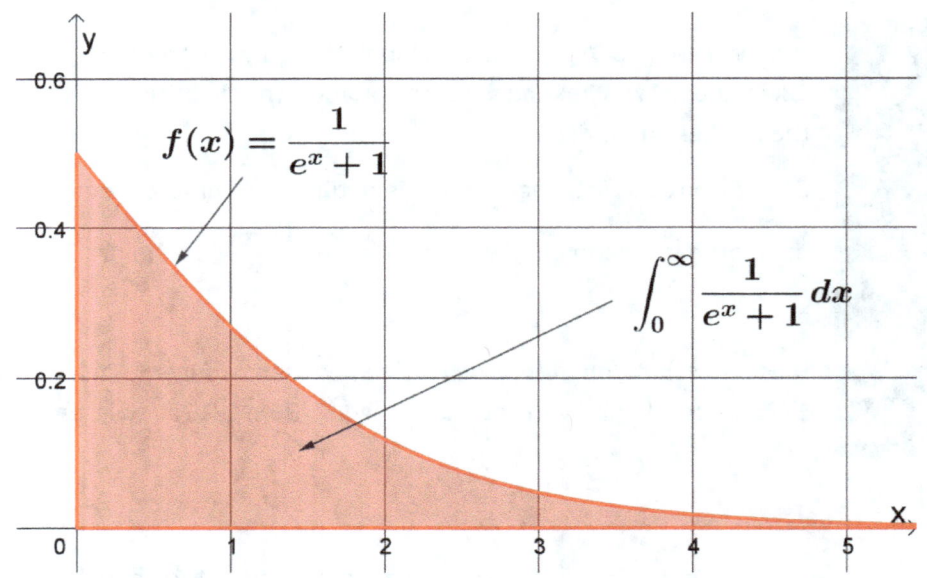

$$f(x) = \frac{1}{e^x + 1}$$

$$\int_0^\infty \frac{1}{e^x + 1}\, dx$$

Gesucht ist das bestimmte Intregral

$$I = \int_0^\infty \frac{1}{e^x + 1}\, dx.$$

Das ist einfacher, als zunächst gedacht. Zuerst wird der Integrand mit e^{-x} erweitert. Damit wird

$I = \int_0^\infty \frac{e^{-x}}{1 + e^{-x}}\, dx$. Dem Fachmann wird bereits klar, dass hier irgendwie ein Integral von $\dfrac{f'(x)}{f(x)}$ zu berechnen sein wird!

Formal korrekt führen wir eine neue Variable $t := 1 + e^{-x}$ ein. Damit gilt: $\dfrac{dt}{dx} = -e^{-x}$ und

$dt = -e^{-x}dx$. Das Integral wird gleich $I = -\int_a^b \dfrac{dt}{t}$. Wenn $x = 0$ ist, wird $t = 2$, also ist die untere

Grenze $a = 2$, und wenn $x = \infty$ ist, wird $t = 1$, also ist die obere Grenze $b = 1$. Wir erhalten so

$$I = -\int_2^1 \frac{dt}{t} = \int_1^2 \frac{dt}{t} = \left\lfloor \ln(t) \right\rfloor_1^2 = \ln(2) - \ln(1) = \ln(2).$$

Wäre dieses Integral auch etwas konventioneller zu lösen gewesen? Eine Stammfunktion von

$f(x) = \dfrac{e^{-x}}{1 + e^{-x}}$ ist die Funktion $F(x) = x - \ln\left(1 + e^x\right)$, die natürlich zuerst einmal hätte gefunden

werden müssen. $F(0) = -\ln(2)$ ist sofort zu sehen, während $F(\infty) = \lim\limits_{x \to \infty}\left(x - \ln\left(1 + e^x\right)\right) = 0$ wohl

etwas erklärungsbedürftiger gewesen wäre!

Eine Eigenschaft der Seitenhalbierenden

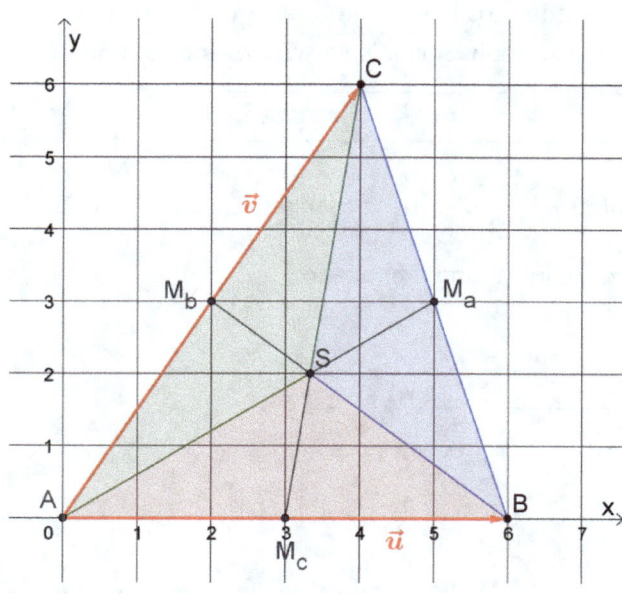

In jedem beliebigen Dreieck ABC teilen sich die Seitenhalbierenden oder Schwerlinien durch den Schwerpunkt S im Verhältnis 1 : 2.

Zum Beweis berechnen wir mit den Vektoren $\vec{u}$ und $\vec{v}$ auf zwei Arten den Vektor $\overrightarrow{AS}$:

$$\overrightarrow{AS} = \frac{1}{2}\vec{u} + \lambda \cdot \left(\vec{v} - \frac{\vec{u}}{2} \right) = \frac{1}{2}\vec{v} + \mu \cdot \left(\vec{u} - \frac{\vec{v}}{2} \right).$$

Aus der zweiten Gleichung folgt, dass

$$\vec{0} = \vec{u} \cdot \underbrace{\left(\frac{1}{2} - \frac{\lambda}{2} - \mu \right)}_{=0} + \vec{v} \cdot \underbrace{\left(-\frac{1}{2} + \lambda - \frac{\mu}{2} \right)}_{=0} \quad \text{und}$$

damit $\lambda = \frac{1}{3}$ und $\mu = \frac{1}{3}$ sein müssen: Der Schwerpunkt S teilt jede Schwerlinie im Verhältnis 1 : 2.

Das heisst auch, dass jede Höhe durch Parallelen zu der zugehörigen Seite und durch S im Verhältnis 1 : 2 geteilt wird. Der Flächeninhalt des ganzen Dreiecks ABC ist gleich dem halben Produkt aus einer Seite und der zugehörigen Höhe. Darum haben die drei Dreiecke ABS, BCS und CAS alle je einen Drittel der Gesamtfläche als Inhalt. Sie sind darum flächengleich, was wohl einigermassen erstaunlich sein dürfte.

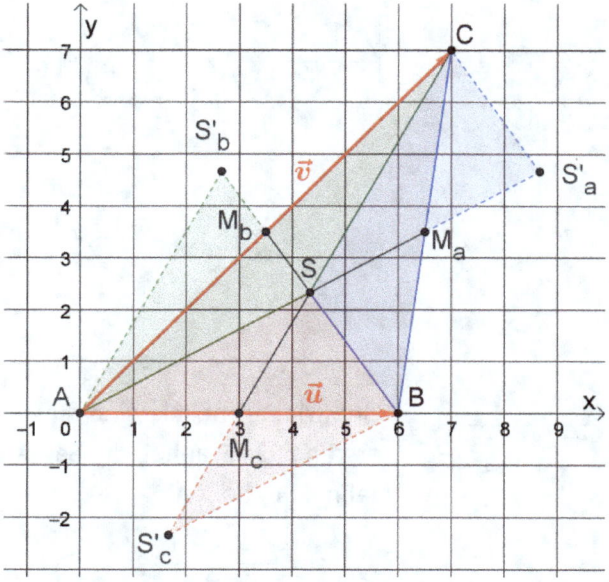

Klappt man nun bei jedem dieser drei Teildreiecke eine der Dreieckshälften um den jeweiligen Seitenmittelpunkt um 180°, dann ergeben sich drei kongruente Dreiecke SS'$_a$C, SS'$_b$A und SS'$_c$B!

Wiederholt man diese Klappungen mit einem dieser drei Dreiecke, ergibt sich ein zum ursprünglichen Dreieck ABC ähnliches Dreieck mit einem Neuntel seines Flächeninhalts.

Diese Erkenntnisse sind erst seit etwa 10 Jahren bekannt: Es erstaunt, dass sie in den 2000 Jahren nach Euklid nicht schon viel früher gefunden worden sind!

Literatur:

Perfekte Erklärungen dazu finden sich beim Matcologer unter
https://www.youtube.com/watch?v=pRV4WsM40AE&t=329s

Drei eindrückliche Fourier-Reihen

Fourier-Reihen sind unendlichen Summen von Sinus- oder Kosinus-Funktionen, mit welchen 'beliebige' periodische Funktionen angenähert werden können. Soll beispielsweise eine Funktion

$$f(x) = 1, \text{ wenn } 2k \cdot \pi < x < (2k+1) \cdot \pi \text{ (mit } k \in \mathbb{N}_o\text{), sonst } (-1)$$

angenähert werden, kann dies mit $f(x) \approx \dfrac{4}{\pi} \cdot \left(\sin(x) + \dfrac{\sin(3x)}{3} \right)$ bereits angedeutet werden. Die

zweite Sinus-Funktion ist dort gross, wo die erste zu klein ist, und umgekehrt:

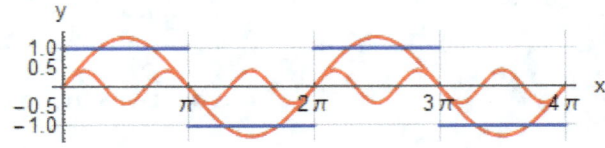

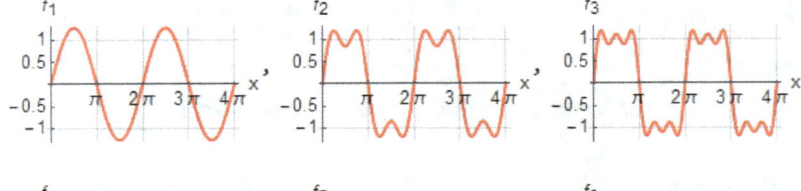

Links sind die ersten paar Graphen der Funktionen

$$f_n(x) = \frac{4}{\pi} \cdot \sum_{k=1}^{n} \frac{\sin((2k-1) \cdot x)}{2k-1}$$

wiedergegeben.

Rechts stehen die ersten paar Graphen der Dreiecks-Funktionen

$$g_n(x) = \frac{8}{\pi^2} \cdot \sum_{k=1}^{n} (-1)^{k+1} \frac{\sin((2k-1) \cdot x}{(2k-1)^2} :$$

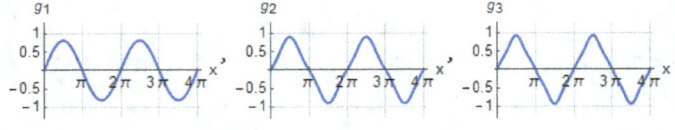

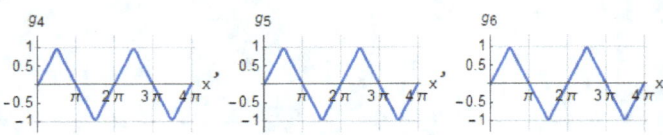

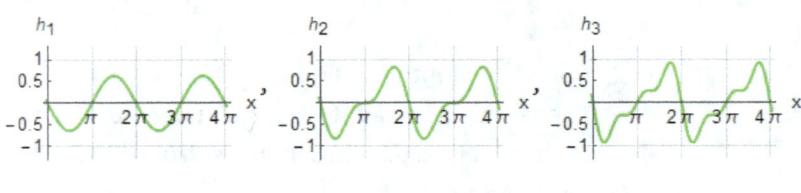

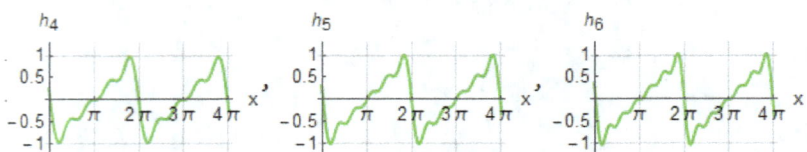

Und wiederum links sind die ersten paar Graphen der Sägezahn-Funktionen

$$h_n(x) = \frac{-2}{\pi} \cdot \sum_{k=1}^{n} \frac{1}{k} \cdot \sin(k \cdot x)$$

wiedergegeben.

Das Gyroid

Das Gyroid wurde von Alan Schoen (**Alan Hugh Schoen** (11. Dezember 1924 – 26. Juli 2023), amerikanischer Physiker) in den Siebziger Jahren bei der NASA entdeckt. Es ist dies eine minimale Oberfläche, die den Raum in zwei sich drehende Labyrinthe aufteilt. Die Entdeckung erfolgte bei seiner Suche nach ultra–leichten und dennoch hoch beanspruchungsbaren Strukturen.

Das Gyroid hat die Gleichung

$$\sin(x)\cos(y) + \sin(y)\cos(z) + \sin(z)\cos(x) = 0$$

Aus der Gleichung wird bereits klar, dass sich diese Struktur in allen drei Raumrichtungen periodisch wiederholt.

Diese Fläche kann mit nebenstehendem *Mathematica* – Programm gezeichnet werden, wobei in der Figur unten zusätzlich die Dicke der Fläche vergrössert, die Netzlinien eliminiert und das Volumen auf eine Kugel eingeschränkt worden ist.

$$r = 2Pi;$$
$$Gyroid = ContourPlot3D\left[Sin[x]Cos[y] + Sin[y]Cos[z]\right.$$
$$\left. + Sin[z]Cos[x] == 0, \{x, -r, r\}, \{y, -r, r\}, \{z, -r, r\}\right]$$

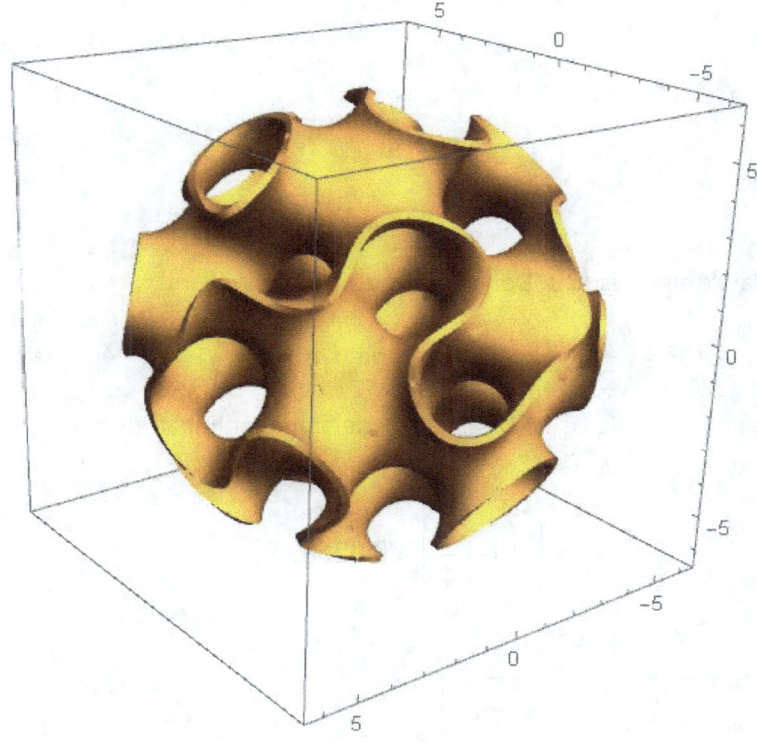

Das Gyroid kommt in der Natur an verschiedenen Stellen vor, beispielsweise in den Flügeln des Schmetterlings Morpho didius, was diesem seine charakteristische blaue Farbe verleiht:

Eine Flächenberechnung

Einem Quadrat mit Seitenlänge 1 werden vier kongruente Halbkreise eingeschrieben, wie dies aus der unten stehenden Figur hervorgeht. Im Innern ergibt sich eine Art 'Viereck' ABCD, dessen Seiten durch Kreisbögen definiert sind.

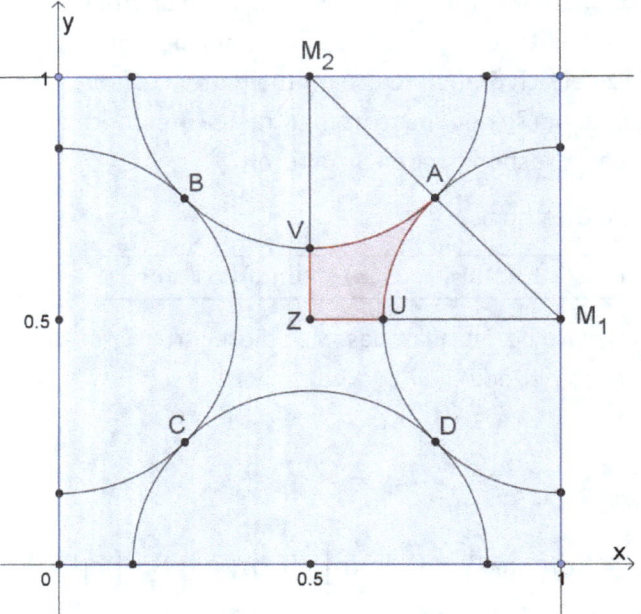

Wie gross ist der Flächeninhalt dieses 'Vierecks' ABCD?

Die Idee kann hier sein, den Inhalt des 'Vierecks' AVZU zu berechnen, das so irgendwie einem 'Drachenviereck' ähnelt. Der gesuchte Inhalt des 'Vierecks' ABCD ist dann aus Symmetriegründen gleich dem Vierfachen des Inhaltes dieses 'Drachenvierecks'.

Hier bleibt Platz für eigene Berechnung:

Eine mögliche Lösung:

Zunächst ist einmal der Radius r der Halbkreise gesucht. Der ist leicht zu finden, weil im rechtwinkligen Dreieck $M_1 M_2 Z$ gilt, dass $(2r)^2 = \left(\frac{1}{2}\right)^2 + \left(\frac{1}{2}\right)^2$ ist. Damit wird $r = \frac{1}{4} \cdot \sqrt{2}$. Der Inhalt des 'Drachenvierecks' ist gleich dem Inhalt des Dreiecks $M_1 M_2 Z$, vermindert um den Inhalt der beiden Sektoren mit je Radius r und einem Sektorwinkel von $45°$:

$$A_{AVZU} = \frac{1}{8} - 2 \cdot \frac{\pi r^2}{8} = \frac{1}{8} - \frac{\pi}{4} \cdot \frac{1}{8} = \frac{1}{8} \cdot \left(1 - \frac{\pi}{4}\right) \approx 0.026825 .$$

Der Flächeninhalt des 'Vierecks' ABCD wird damit gleich

$$\boxed{A_{ABCD} = \frac{1}{2} - \frac{\pi}{8} \approx 0.10730 .}$$

Ein schwieriger Grenzwert

Gesucht ist der Grenzwert

$$G = \lim_{x \to 0} \underbrace{\frac{\sin(x) - \ln(1-x)}{\cos(x)^2 - 1}}_{=f(x)}.$$

Einfaches Einsetzen von $x = 0$ ergibt den Bruch $\dfrac{0}{0}$. Das scheint ein klarer Fall für die Anwendung der

Regel von de l'Hopital zu sein:

$$G = \lim_{x \to 0} \frac{\left(\sin(x) - \ln(1-x)\right)'}{\left(\cos(x)^2 - 1\right)'} = \lim_{x \to 0} \frac{\cos(x) + \dfrac{1}{1-x}}{-2\cos(x)\sin(x)}.$$

Für $x = 0$ ergibt der Bruch den Wert $\dfrac{2}{0}$. Das hilft auch nicht viel weiter – das ergibt einen unbe-

stimmten Ausdruck.

Jetzt müssen die Grenzwerte $G_\uparrow = \lim_{x \uparrow 0} \dfrac{\cos(x) + \dfrac{1}{1-x}}{-2\cos(x)\sin(x)}$ und $G_\downarrow = \lim_{x \downarrow 0} \dfrac{\cos(x) + \dfrac{1}{1-x}}{-2\cos(x)\sin(x)}$ untersucht

werden. Der Zähler gibt im Grenzfall ja in beiden Fällen jeweils 2, und der Kosinus geht in beiden
Nennern je gegen 1. Im ersten Fall ist der Sinus aber negativ, womit $G_\uparrow$ bestimmt gegen $+\infty$ diver-

giert. Im zweiten Fall ist der Sinus positiv, womit $G_\downarrow$ bestimmt gegen $-\infty$ divergiert:

Folgerung: Der Grenzwert G **existiert nicht.**

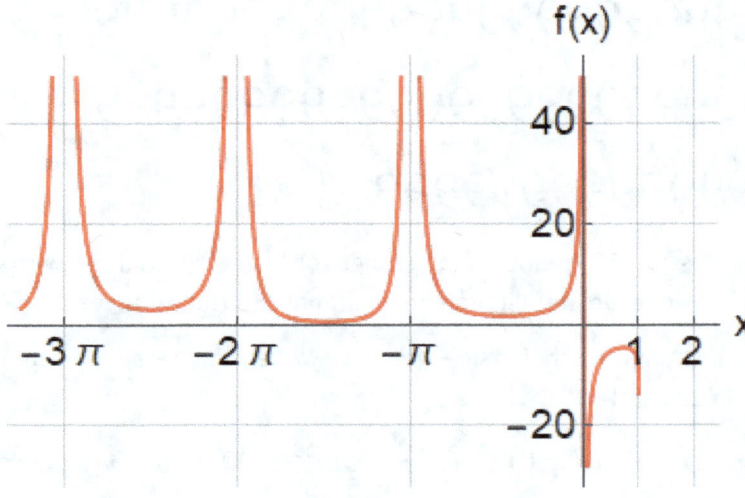

Die nebenstehende Figur zeigt den Graphen der Funktion $f(x)$.

Daraus ist ersichtlich, dass ein Grenzwert $G = \lim_{x \to 0} f(x)$ nicht

existieren kann; weiter wird plausibel, dass $f(x)$ für $x \geq 1$ nicht definiert ist.

Dafür existieren aber für alle $k \in \mathbb{N}$ wenigstens die Grenzwerte

$$\lim_{x \to (-k \cdot \pi)} f(x) = +\infty.$$

Eine Fast–Rep–Zahl, die auch noch prim ist!

99999999999999999999999999999999999

9999999999999999999999999999999999

9999999999999999999999999999999999

9999999999999999999999999999999999

999999999999999999999999999999999

999999999999999999999999999999999

999999999999999999999999999999999

9999999**8**99999999999999999999999999999

99999999999999999999999999999999

99999999999999999999999999999999

99999999999999999999999999999999

99999999999999999999999999999999

99999999999999999999999999999999

99999999999999999999999999999999

9999999999999999

Die obige Zahl hat 506 Ziffern, wovon die ersten 252 Neuner sind, gefolgt von einer 8; und diese wird wiederum gefolgt von noch einmal 253 Neunern.

```
PrimeQ[10^506 - 10^253 - 1]
True
```

Und prim scheint sie – gemäss *Mathematica* – auch noch zu sein!

Solche Fast–Rep–Zahlen haben die Form $z(m) = 10^{2m} - 10^m - 1$. Für $1 \le m \le 4500$ wird $z(m)$ prim, wenn $m \in \{1, 6, 9, 154, 253, 1'114, 1'390, 2'618, ..., 188'484\}$ ist. Siehe https://oeis.org/A265383; die Zahl $z(188'484)$ mit 376'969 Stellen scheint die grösste bekannte dieser Zahlen zu sein.

Geometrisches Mittel einer Funktion

Das **arithmetische** Mittel von n Zahlen $a_1, a_2, ..., a_n$ ist gegeben durch

$$m_A(a_1, a_2, ..., a_n) = \frac{a_1 + a_2 + ... + a_n}{n}.$$

Das **arithmetische** Mittel einer Funktion f in einem Intervall $[a,b]$ ist gegeben durch

$$m_A(f,[a,b]) = \lim_{n\to\infty} \frac{1}{b-a}\left(f(a) + f\left(a+\frac{b-a}{n}\right) + f\left(a+2\frac{b-a}{n}\right) + ... + f\left(a+n\frac{b-a}{n}\right)\right).$$

Dieser Grenzwert wird damit gleich $m_A(f,[a,b]) = \frac{1}{b-a}\int_a^b f(x)\,dx$.

Das **geometrische** Mittel von n positiven Zahlen $a_1, a_2, ..., a_n$ ist gegeben durch

$$m_G(a_1, a_2, ..., a_n) = \sqrt[n]{a_1 \cdot a_2 \cdot ... \cdot a_n}.$$

Das **geometrische** Mittel einer Funktion $f > 0$ in einem Intervall $[a,b]$ ist gegeben durch

$$m_G(f,[a,b]) = \lim_{n\to\infty} \sqrt[n]{f(a) \cdot f\left(a+\frac{b-a}{n}\right) \cdot f\left(a+2\frac{b-a}{n}\right) \cdot ... \cdot f\left(a+n\frac{b-a}{n}\right)}.$$

Dies kann nun nicht sofort in ein Integral umgeformt werden. Betrachten wir aber den natürlichen Logarithmus beider Seiten, ergibt sich

$$\ln\left(m_G(f,[a,b])\right) = \ln\left(\lim_{n\to\infty} \sqrt[n]{f(a) \cdot f\left(a+\frac{b-a}{n}\right) \cdot f\left(a+2\frac{b-a}{n}\right) \cdot ... \cdot f\left(a+n\frac{b-a}{n}\right)}\right)$$

$$= \lim_{n\to\infty} \frac{1}{n}\left(\ln(f(a)) + \ln\left(f\left(a+\frac{b-a}{n}\right)\right) + \ln\left(f\left(a+2\frac{b-a}{n}\right)\right) + ... + \ln\left(f\left(a+n\frac{b-a}{n}\right)\right)\right).$$

Dies ist gleich dem arithmetischen Mittel des Logarithmus der Funktion f:

$$\ln\left(m_G(f,[a,b])\right) = \frac{1}{b-a}\int_a^b \ln(f(x))\,dx. \text{ Damit wird}$$

$$m_G(f,[a,b]) = \exp\left(\frac{1}{b-a}\cdot\int_a^b \ln(f(x))\,dx\right)_{f(x)=x} = \exp\left(\left(\frac{1}{b-a}\right)\cdot \left\lfloor x\ln(x)-x\right\rfloor_a^b\right) = \frac{1}{e}\cdot\left(\frac{b^b}{a^a}\right)^{\frac{1}{b-a}}.$$

Beispiele: $f(x) = x, a = 10, b = 20: \to m_G(x,[10,20]) \approx 14.7151776....$ Und

$f(x) = e^x, a = 10, b = 20: \to m_G(e^x,[10,20]) = e^{15}$ (!).

P. S.: Wie gross wäre das **harmonische** Mittel einer Funktion $f(x)$ im Intervall $[a,b]$?

H.U. Keller, "Wie man leicht zeigt...!", Bd. 11.

Das harmonische Mittel einer Funktion

Die verschiedenen Mittel von zwei positiven Zahlen u und v sind bekannt:

Arithmetisches M.: $m_A := \dfrac{u+v}{2}$; geometrisches M.: $m_G = \sqrt{u \cdot v}$; harmonisches M.: $m_H := \dfrac{2uv}{u+v}$.

Daraus sind zwei Zusammenhänge sofort ersichtlich. Erstens: $m_H = \dfrac{m_G^2}{m_A}$ (Gl. 1), und zweitens:

$$m_H = \dfrac{1}{\dfrac{1}{2} \cdot \left(\dfrac{1}{u} + \dfrac{1}{v}\right)}$$ (Gl. 2): Das harmonische Mittel zweier positiver Zahlen u und v ist gleich dem

Kehrwert des arithmetischen Mittels der Kehrwerte dieser beiden Zahlen. Damit erscheint gem. Gl. 2 die folgende Definition des harmonischen Mittels einer **Funktion** f im Intervall $[a,b]$ als sinnvoll:

$$m_H(f,[a,b]) := \dfrac{1}{\dfrac{1}{b-a} \cdot \displaystyle\int_a^b \dfrac{1}{f(x)} dx} .$$

P.S.: Gilt Gleichung Gl. 1 auch für die Mittel von **Funktionen**?

Beispiele: $f(x) = x, a = 10, b = 20 :\to m_H(x,[10,20]) = \dfrac{1}{\dfrac{1}{10} \cdot \displaystyle\int_{10}^{20} \dfrac{1}{x} dx} \approx 14.4269504...$. Wie oben

bereits berechnet wurde, war $m_G(x,[10,20]) \approx 14.7151776...$ und $m_A(x,[10,20]) = \dfrac{1}{10}\displaystyle\int_{10}^{20} x\, dx = 15$.

Wird $m_H(x,[10,20])$ analog zur Formel gem. Gl. 1 berechnet, ergibt sich ein relativer Fehler von 0.061% : Gl. 1 ist für die Mittelwerte von Funktionen nahe dran, sie stimmt aber nicht exakt.

Im zweiten Beispiel ist $m_G(e^x,[10,20]) = e^{15} \approx 3'269'017.37...$,

$m_A(e^x,[10,29]) \approx 48'514'316.89...$ und $m_H(e^x,[10,20]) \approx 220'274.658...$. Hier beträgt der

relative Fehler nur gerade erstaunliche $1.321 \cdot 10^{-14}\%$.

In einem dritten Beispiel ist $\left(\dfrac{m_G(x^2,[1,3])^2}{m_A(x^2,[1,3])} - m_H(x^2,[1,3])\right) / m_H(x^2,[1,3]) \approx 2.7\%$.

Fazit: Gl. 1 kann, je nach Funktion, für die Mittel von **Funktionen** als Annäherung durchgehen; sie ist aber i. A. nicht erfüllt. Dafür gilt wenigstens in allen drei Beispielen: $m_A(...) \ge m_G(...) \ge m_H(...)$. Und für **konstante** Funktionen stimmen die drei Mittelwerte erwartungsgemäss überein.

– 26 –

Ein Integrationstrick

Das Integral $\int f(x)\,dx = \int \dfrac{\sin(x)}{\sin(x)+\cos(x)}\,dx = F(x)$ lässt sich nicht gerade so einfach angeben.

Kurz bei *Mathematica* 'gespickt':

$\ln[1]:=$ **Integrate[Sin[x] / (Sin[x] + Cos[x]), x]**

$Out[1]= \dfrac{x}{2} - \dfrac{1}{2} \, Log[Cos[x] + Sin[x]]$

Mit 'Log' ist der natürliche Logarithmus gemeint. Aha!?

f(x), F(x)

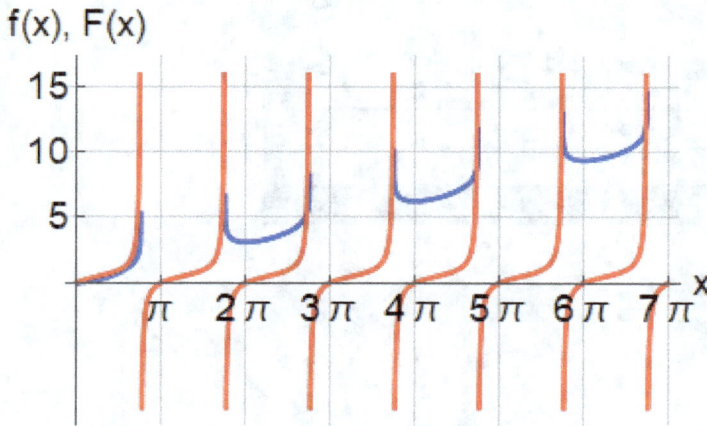

In der Figur links sind die Graphen des Integranden $f(x)$ und einer seiner Stammfunktionen $F(x)$ wiedergegeben. Es ist klar, dass die Lösung dieses Integrals nicht ganz trivial sein dürfte.

Aber wie findet man denn die?

Hier folgt der Trick, der hier passt. Sei $U := \int \dfrac{\sin(x)}{\sin(x)+\cos(x)}\,dx$ und $V := \int \dfrac{\cos(x)}{\sin(x)+\cos(x)}\,dx$.

Dann wird

$$U + V = \int \frac{\sin(x)+\cos(x)}{\sin(x)+\cos(x)}\,dx = \int 1\,dx = x \text{ , und}$$

$$V - U = \int \frac{\cos(x)-\sin(x)}{\sin(x)+\cos(x)}\,dx = \int \frac{(\sin(x)+\cos(x))'}{\sin(x)+\cos(x)}\,dx = \ln\big(\sin(x)+\cos(x)\big) .$$

Die Integrationskonstanten sind überall mitgemeint. Daraus ergibt sich:

$$\boxed{\, U = \frac{1}{2}\big((U+V)-(V-U)\big) = \frac{x}{2} - \frac{1}{2}\cdot\ln(\sin(x)+\cos(x)) \,}$$

Es ist klar, dass dieser 'Trick' nur gerade bei ganz speziellen Funktionen anwendbar ist – und zudem muss man auch erst darauf stossen! Möglicherweise könnte hier die Stammfunktion auch mit anderen Methoden gefunden werden.

Eine Vereinfachung

Wie lässt sich der Term $T(x) = \arcsin(x) + \arccos(x)$ vereinfachen? Der TI–89 hat da schon ein paar 'Ideen':

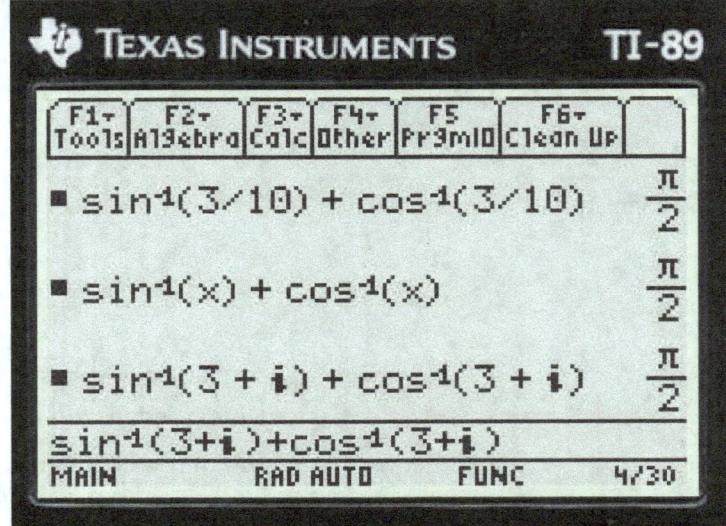

Die erste Resultatzeile oben kann nicht erstaunen.

$\arcsin\left(\dfrac{3}{10}\right) = \beta$ und

$\arccos\left(\dfrac{3}{10}\right) = \alpha$, und

$\alpha + \beta = \dfrac{\pi}{2}$ in diesem rechtwinkligen Dreieck mit dem rechten Winkel γ. Das stimmt natürlich –

sozusagen elementargeometrisch – für alle Werte x mit $(-1) \le x \le 1$, was auch die zweite Resultatzeile erklärt: Der TI–89 macht dies richtig gut!

Was aber, wenn der Sinuswert und der Kosinuswert x grösser als 1 oder kleiner als (-1) wird, oder wenn x sogar eine beliebige **komplexe, nicht reelle** Zahl wird, z. B. $z = 3 + i$?

Der Taschenrechner bleibt unbeirrt. Siehe dritte Resultatzeile.

Beh.: Für jede komplexe Zahl z gilt: $\boxed{\arcsin(z) + \arccos(z) \equiv \dfrac{\pi}{2}}$ (Gl. *)

Bew.: Für Argumente $z = a + i \cdot b \in \mathbb{C}$ gilt:

$$\arccos(a + i \cdot b) = \frac{\pi}{2} + i \cdot \ln\left[\sqrt{1 - (a + i \cdot b)^2} + i \cdot (a + i \cdot b)\right], \text{ und}$$

$$\arcsin(a + i \cdot b) = -i \cdot \ln\left[\sqrt{1 - (a + i \cdot b)^2} + i \cdot (a + i \cdot b)\right].$$

Die Gl. * gilt für beliebige komplexe Zahlen! Und der TI–89 arbeitet auch da perfekt.

Eine unglaubliche Identität bei einem Integral

Wir betrachten Funktionen $f(x)$, die im Intervall $[0,\infty]$ integrierbar sind. Weiter seien a und b zwei positive Parameter.

Beh: $I = \int_0^\infty \dfrac{f(a \cdot x) - f(b \cdot x)}{x}\, dx = \left(f(\infty) - f(0)\right) \cdot \ln\left(\dfrac{a}{b}\right)$.

Schauen wir uns dies zunächst einmal an einem Beispiel an. Sei z. B. $f(x) = 7 \cdot e^{-3x} + 5$, $a = 13$ und $b = 11$.: Das unbestimmte Integral auf der linken Seite dieser Gleichung ist lösbar, wenn auch nicht gerade mit allseits bekannten Funktionen:

$$I = \int \frac{f(a \cdot x) - f(b \cdot x)}{x}\, dx = -7\left(-ExpIntegralEi\left[-39x\right] + ExpIntegralEi\left[-33x\right]\right).$$

Werden die Grenzen eingesetzt, ergibt dies, mit dem Grenzübergang $x \downarrow 0$, für I den Wert $-1.169378...$.

Für die Auswertung der rechten Seite ist $f(\infty) = 5$, $f(0) = 12$, $\ln\left(\dfrac{13}{11}\right) = 0.167054...$, und damit wird $\left(f(\infty) - f(0)\right) \cdot \ln\left(\dfrac{a}{b}\right)$ ebenfalls gleich $-1.169378...$; was Zutrauen zu dieser unglaublichen Beziehung schafft.

Bew.: Wir betrachten den Wert b als fixiert; das Integral I wird dann eine Funktion von a:

$I(a) = \int_0^\infty \dfrac{f(ax) - f(bx)}{x}\, dx$. Damit ist auch klar, dass $I(b) = 0$ ist. Nun werden beide Seiten nach a abgeleitet:

$$I(a)' = \int_0^\infty \left(\frac{\partial}{\partial a}\left(\frac{f(a \cdot x) - f(b \cdot x)}{x}\right)\right) dx \underset{x\text{ gekürzt!}}{=} \int_0^\infty f'(a \cdot x)\, dx = \left.\frac{f(a \cdot x)}{a}\right|_0^\infty = \frac{f(\infty) - f(0)}{a}.$$

Die Integration über a ergibt dann sofort $I(a) = \left(f(\infty) - f(0)\right) \cdot \ln(a) + C$. Weil $I(b) = 0$ ist, wird die Konstante $C = -\left(f(\infty) - f(0)\right) \cdot \ln(b)$, und damit $I = I(a) = \left(f(\infty) - f(0)\right) \cdot \ln\left(\dfrac{a}{b}\right)$, was gerade die Behauptung war:

$$\boxed{\int_0^\infty \frac{f(a \cdot x) - f(b \cdot x)}{x}\, dx = \left(f(\infty) - f(0)\right) \cdot \ln\left(\frac{a}{b}\right)}.$$

Eine unglaubliche Geschichte!

Kleinster Umfang von vier Kreisen

Vier sich berührende Kreise, alle mit Radius 1, werden mit einer Schnur so eng wie möglich zusammengebunden, was auf zwei verschiedene Arten möglich ist. In der unten wiedergegeben Figur sind diese beiden extremen Möglichkeiten wiedergegeben. In welcher Konfiguration wird die längere Schnur benötigt?

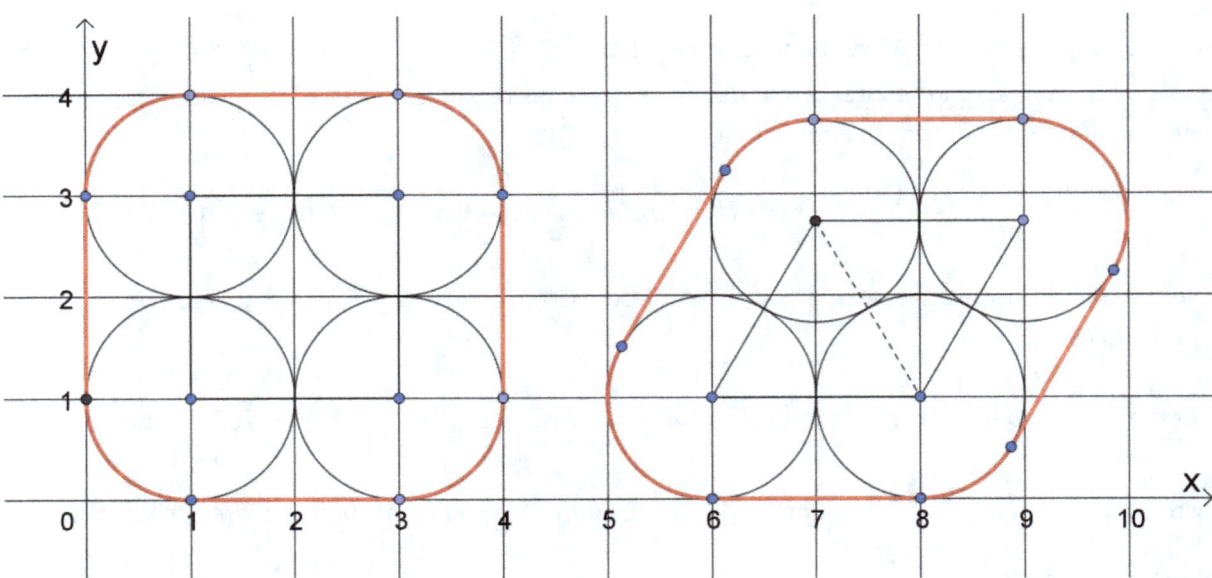

Sind beide Umfänge gleich lang? Vielleicht ist dies für sieben sich berührende Kreise ja auch der Fall:

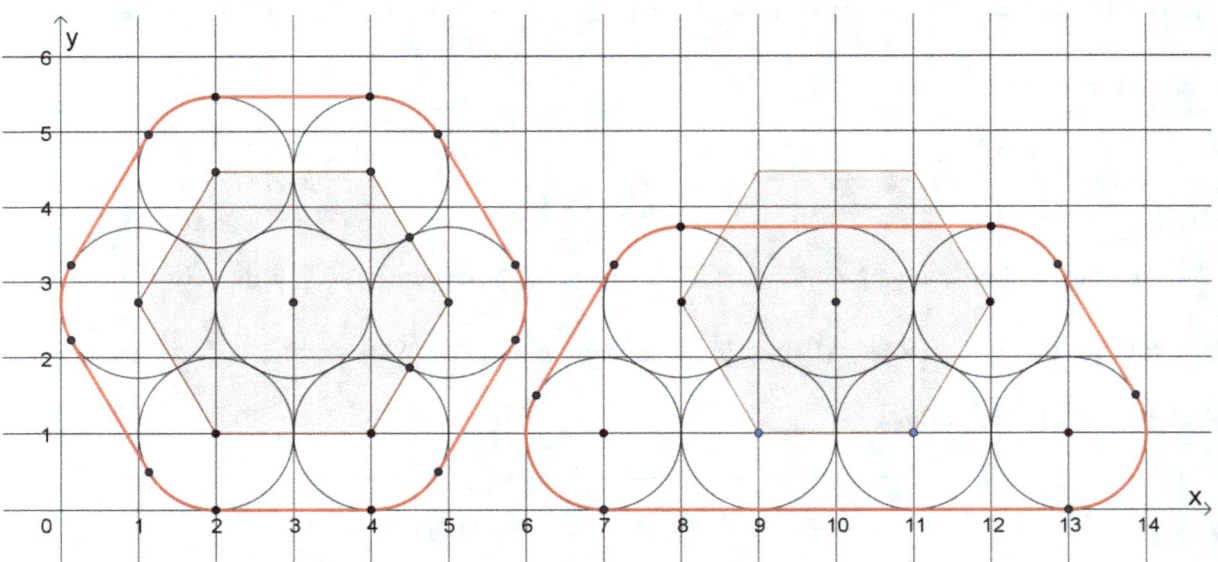

Oder vielleicht doch nicht? ☺!

Eine Formel für $S(n,k) := 1^k + 2^k + 3^k + ... + n^k$.

Hans Ulrich Keller, ehem. MNG Zürich; hukkeller@bluewin.ch.

1. Die Aufgabe

Die Summen $S(n,k) := \sum_{m=1}^{n} m^k$ für die ersten drei Werte von $k \in \mathbb{N}_o$ sind allgemein bekannt:

$$S(n,0) = \sum_{m=1}^{n} m^0 = n \, ; \quad S(n,1) = \sum_{m=1}^{n} m^1 = \frac{n(n+1)}{2} \, ; \quad S(n,2) = \sum_{m=1}^{n} m^2 = \frac{n(n+1)(2n+1)}{6} .$$

Mit einem Computer-Algebra-System (CAS) kann der zugehörige Term $S(n,k)$ für grössere Werte von k ohne Mühe sofort berechnet werden. So kann beispielsweise der Term $S(n,200)$ mit der simplen *Mathematica*-Anweisung $\mathsf{Sum}\left[\mathsf{m\textasciicircum 200,\{m,1,n\}}\right]$ für den Exponenten $k = 200$ auf einem einfachen PC in nur gerade 0.141 Sekunden gefunden werden! Gesucht ist hier aber eine **allgemeine Formel** für $S(n,k) = \sum_{m=1}^{n} m^k$ bei einem beliebigen Wert des Exponenten $k \in \mathbb{N}_o$.

Explizite Formeln für die Exponenten k von 1 bis 17 wurden von Johannes Faulhaber (* 5. Mai 1580 in Ulm; † 10. September 1635 ebenda, deutscher Mathematiker) berechnet, die darum 'Faulhabersche Formeln' genannt werden; diese könnten z. B. mit der Euler-Maclaurin-Summenformel elegant bewiesen werden. Die gesuchte allgemeine Formel wird, zu Ehren von Jakob Bernoulli, als 'Bernoullische Formel' bezeichnet.

2. Korrekte Vermutungen

Hier folgt eine Liste von k und $S(n,k)$ in ausmultiplizierter Form für $0 \le k \le 10$:

k	$S(n,k)$
0	n
1	$\frac{n}{2} + \frac{n^2}{2}$
2	$\frac{n}{6} + \frac{n^2}{2} + \frac{n^3}{3}$
3	$\frac{n^2}{4} + \frac{n^3}{2} + \frac{n^4}{4}$
4	$-\frac{n}{30} + \frac{n^3}{3} + \frac{n^4}{2} + \frac{n^5}{5}$
5	$-\frac{n^2}{12} + \frac{5n^4}{12} + \frac{n^5}{2} + \frac{n^6}{6}$
6	$\frac{n}{42} - \frac{n^3}{6} + \frac{n^5}{2} + \frac{n^6}{2} + \frac{n^7}{7}$
7	$\frac{n^2}{12} - \frac{7n^4}{24} + \frac{7n^6}{12} + \frac{n^7}{2} + \frac{n^8}{8}$
8	$-\frac{n}{30} + \frac{2n^3}{9} - \frac{7n^5}{15} + \frac{2n^7}{3} + \frac{n^8}{2} + \frac{n^9}{9}$
9	$-\frac{3n^2}{20} + \frac{n^4}{2} - \frac{7n^6}{10} + \frac{3n^8}{4} + \frac{n^9}{2} + \frac{n^{10}}{10}$
10	$\frac{5n}{66} - \frac{n^3}{2} + n^5 - n^7 + \frac{5n^9}{6} + \frac{n^{10}}{2} + \frac{n^{11}}{11}$

Fig. 1: k und $S(n,k)$ für $0 \le k \le 10$.

Daraus lassen sich ein paar Eigenschaften von $S(n,k)$ vermuten:

- $S(n,k)$ ist ein Polynom in n vom Grad $k+1$.
- Es kommt kein konstanter Term vor.
- Der Koeffizient von n^{k+1} ist $\frac{1}{k+1}$.
- Der Koeffizient von n^k für $k \ge 1$ ist $\frac{1}{2}$.
- Die Summe der Koeffizienten ist gleich 1.
- Die alternierende Summe der Koeffizienten ist gleich 0.
- Für ungerade $k \ge 3$ ist der Koeffizient von n gleich 0.
- Für gerade $k > 2$ ist der Koeffizient von n^2 gleich 0.

Die Richtigkeit von jeder dieser Formeln für $S(n,k)$ in Figur 1 lässt sich bei Bedarf mit vollständiger Induktion beweisen, wenn sie denn erst einmal überhaupt bekannt sein sollten!

Jakob Bernoulli (* 27. Dezember 1654$^{jul.}$ / 6. Januar 1655$^{greg.}$ in Basel; † 16. August 1705 ebenda; Schweizer Mathematiker und Physiker) fand eine allgemeine Formel für $S(n,k)$ für $k \geq 1$ (s. Gl. 1), die allerdings erst im Jahr 1713, nach seinem Tode, veröffentlicht und von Euler (!) bewiesen wurde.

Fig. 2: Portrait von Jakob Bernoulli.

$$S(n,k) = \frac{1}{k+1}n^{k+1} + \frac{1}{2}n^k + \frac{1}{k+1} \cdot \sum_{j=2}^{k} \binom{k+1}{j} \cdot B_j \cdot n^{k+1-j} \quad \textbf{(Gl. 1)}.$$

Dabei ist B_j die j - te Bernoulli - Zahl. Für die Bernoulli - Zahlen gibt es gemäss Louis Saalschütz 38 explizite Definitionen! Eine dieser Definitionen ist die Doppelsumme

$$B_j = \sum_{k=0}^{j} \sum_{v=0}^{k} (-1)^v \binom{k}{v} \frac{v^j}{k+1} \quad \text{für } j \geq 1, \text{ mit } B_0 = 1 \quad \textbf{(Gl. 2)}.$$

Die Bernoulli - Zahlen lassen sich aber auch mit Hilfe einer erzeugenden Funktion definieren. Es gilt äquivalent zur Definition in Gl. 2:

$$\frac{x}{e^x - 1} = \sum_{j=0}^{\infty} \frac{B_j}{j!} \cdot x^j \quad \textbf{(Gl. 3)}.$$

Diese Definition wird in Abschnitt 4 verwendet werden.

Die ersten paar Bernoulli - Zahlen sind in der folgenden Tabelle wiedergegeben:

$$\begin{pmatrix} j: & 0 & 1 & 2 & 3 & 4 & 5 & 6 & 7 & 8 & 9 & 10 \\ B_j: & 1 & -\frac{1}{2} & \frac{1}{6} & 0 & -\frac{1}{30} & 0 & \frac{1}{42} & 0 & -\frac{1}{30} & 0 & \frac{5}{66} \end{pmatrix} \quad \textbf{(Fig. 3)}.$$

Weil $B_1 = -\frac{1}{2}$ ist und B_j für ungerade $j > 1$ verschwindet, lässt sich Gl. 1 auch in einer dazu äquivalenten, einfachen Summe von $j = 0$ bis k schreiben (s. die folgende Gl. 4). Der Term $(-1)^j$ beeinflusst dabei einzig den Summanden mit $j = 1$:

$$S(n,k) = \frac{1}{k+1} \cdot \sum_{j=0}^{k} (-1)^j \cdot \binom{k+1}{j} \cdot B_j \cdot n^{k+1-j} \quad \textbf{(Gl. 4)}$$

3. Eine weitere Vermutung

Mit Hilfe der Tabelle in Fig. 1 lässt sich zeigen, dass für alle angegebenen Werte von $S(n,k)$ gilt:

$$\left(\frac{d}{dn}S(n,k+1)\right)-(k+1)\cdot S(n,k)=c \quad \textbf{(Gl. 5)},$$

mit jeweils einer Konstanten c. Darum kann vermutet werden, dass auch allgemein gilt:

$$\boxed{S(n,k+1)=c\cdot n+(k+1)\cdot\int S(n,k)\,dn} \quad \textbf{(Gl. 6)}.$$

Sollte Gl. 5 allgemein gelten, so gilt Gl. 6 ebenfalls allgemein, sofern die Integrationskonstante richtig gewählt wird. Kommt in $S(n,k)$ wie vermutet nie ein konstanter Term vor, so muss beim Integral jeweils die Integrationskonstante gleich Null gewählt werden. Weiter ist in allen angegebenen Beispielen die Summe aller Koeffizienten in jeder der Formeln $S(n,k)$ für jedes k gleich 1. Wenn dies auch allgemein der Fall sein sollte, erlaubt dies, zusammen mit Gl. 6, aus $S(n,k)$ den Term $S(n,k+1)$ rekursiv zu bestimmen.

Als Beispiel sei dies für $k=5$ vorgerechnet (mit Integrationskonstante = 0):

$$S(n,6)=c\cdot n+6\cdot\int S(n,5)\,dn=c\cdot n+6\cdot\int\left(-\frac{n^2}{12}+\frac{5n^4}{12}+\frac{n^5}{2}+\frac{n^6}{6}\right)dn=c\cdot n-\frac{n^3}{6}+\frac{n^5}{2}+\frac{n^6}{2}+\frac{n^7}{7}.$$

Die Konstante c ergibt sich daraus, dass die Summe der Koeffizienten gleich 1 sein muss:

$$c-\frac{1}{6}+\frac{1}{2}+\frac{1}{2}+\frac{1}{7}=1 \quad \textbf{(Gl. 7)}.$$

Damit wird hier $c=\frac{1}{42}$, was die korrekte Formel für $S(n,6)$ (vgl. Tabelle 1) ergibt. Die Konstante c ist dabei gerade gleich der Bernoulli - Zahl $B_{k+1}=B_6$. Sollte auch dieser Zusammenhang allgemeingültig sein, dann wird aus Gl. 6 die Gleichung 8:

$$\boxed{S(n,k+1)=B_{k+1}\cdot n+(k+1)\cdot\int S(n,k)\,dn} \quad \textbf{(Gl. 8)}.$$

Bei der Integration wird auch hier, wie bereits erwähnt, die Integrationskonstante jeweils weggelassen.

Das Integral $\int S(n,k)\,dn$ 'ohne die Integrationskonstante' kann auch als $\int_0^n S(u,k)\,du$ geschrieben werden, Mit $S(n,1)=\frac{n(n+1)}{2}$ und zusammen mit Gleichung 8 kann nun $S(n,k)$ rekursiv für beliebige weitere Exponenten $k\in\{2,3,4,...\}$ gefunden werden. Mit dem Term $S(1,k)$, der die Summe der Koeffizienten in $S(n,k)$ angibt, kann verifiziert werden, dass diese Summe für alle so gefundenen Terme $S(n,k)$ tatsächlich gleich 1 ist.

4. Eine Herleitung über Ableitungen

Eine Formel für $S(n,k)$ kann über Ableitungen wie folgt gefunden werden:

Wir definieren eine Funktion

$$f_n(x):=1+e^x+e^{2x}+e^{3x}+...+e^{n\cdot x} \quad \textbf{(Gl. 9)}.$$

Ihre erste Ableitung ist $f_n'(x) = 1e^x + 2e^{2x} + 3e^{3x} + ... + ne^{n \cdot x}$, mit $f_n'(0) = 1 + 2 + 3 + ... + n$, also gilt

gerade:
$$f_n'(0) = \sum_{m=1}^{n} m^1 = S(n,1) \quad \textbf{(Gl. 9.1)}.$$

Ihre zweite Ableitung ist $f_n''(x) = 1^1 e^x + 2^2 e^{2x} + 3^2 e^{3x} + ... + n^2 e^{n \cdot x}$, mit

$f_n''(0) = 1^2 + 2^2 + 3^2 + ... + n^2$, also gilt gerade: $f_n''(0) = \sum_{m=1}^{n} m^2 = S(n,2)$ **(Gl. 9.2)**

Verallgemeinert ist die k - te Ableitung $f_n^{(k)}(0) = 1^k + 2^k + 3^k + ... + n^k$, also gilt gerade:

$$f_n^{(k)}(0) = \sum_{m=1}^{n} m^k = S(n,k) \quad \textbf{(Gl. 10)}.$$

Für $x \neq 0$ ist $f_n(x) = 1 + e^x + e^{2x} + e^{3x} + ... + e^{n \cdot x}$ (s. Gl. 9) eine geometrische Reihe mit

$$f_n(x) = \frac{e^{(n+1)x} - 1}{e^x - 1} \quad \textbf{(Gl. 11)}.$$

In der Form gem. Gl. 11 haben die Funktion $f_n(x)$ sowie alle ihre Ableitungsfunktionen $f_n^{(k)}(x)$ für $x = 0$ eine Unstetigkeitsstelle. Diese ist aber überall hebbar mit dem jeweiligen Übergang zum Grenzwert $x \to 0$. Daraus folgt:

$$\boxed{\lim_{x \to 0} f_n^{(k)}(x) = 1^k + 2^k + 3^k + ... + n^k = S(n,k)} \quad \textbf{(Gl. 12)}.$$

Mit einem CAS wie z. B. *Mathematica* kann $S(n,k)$ auch auf diese Weise für beliebige Werte des Exponenten $k \geq 1$ sehr einfach berechnet werden.

```
In[1]:= fn[x_] := Sum[E^(k*x), {k, 0, n}]

In[2]:= Expand[Limit[D[fn[x], {x, 3}], x -> 0]]
```
$$\text{Out[2]=} \quad \frac{n^2}{4} + \frac{n^3}{2} + \frac{n^4}{4}$$

```
In[3]:= Expand[Limit[D[fn[x], {x, 10}], x -> 0]]
```
$$\text{Out[3]=} \quad \frac{5n}{66} - \frac{n^3}{2} + n^5 - n^7 + \frac{5n^9}{6} + \frac{n^{10}}{2} + \frac{n^{11}}{11}$$

Fig. 4: Beispiele für die Berechnung gem. Gl. 12.

Ohne CAS ist aber bei dieser Methode sowohl das Berechnen der k - ten Ableitungsfunktion $f_n^{(k)}(x)$ als auch die Bestimmung des Grenzwertes $\lim_{x \to 0} f_n^{(k)}(x)$ eine mühsame Angelegenheit. Und mit Gl. 12 ist natürlich auch noch keine 'allgemeine Formel' gefunden worden.

5. Zusammenhang mit den Bernoulli - Zahlen.

Für die Taylor-Entwicklung des Terms $f_n(x) = 1 + e^x + e^{2x} + e^{3x} + ... + e^{n \cdot x}$ (s. Gl. 9) um $x = 0$ werden die oben hergeleiteten Ableitungen $f_n^{(k)}(0)$ benötigt, die gleich $S(n,k)$ sind (s. Gl. 10). Darum gilt:

$$f_n(x) = S(n,0) + \frac{S(n,1)}{1!}x + \frac{S(n,2)}{2!}x^2 + \ldots + \frac{S(n,p)}{p!}x^p + \ldots \quad \textbf{(Gl. 13)}.$$

Andererseits ist aber $\quad f_n(x) = \left(\dfrac{x}{e^x - 1}\right) \cdot \left(\dfrac{e^{N \cdot x} - 1}{x}\right)$, mit $N = n+1$ **(Gl. 14)**.

Die Funktion $\dfrac{x}{e^x - 1}$ ist gemäss Definition die erzeugende Funktion der Bernoulli - Zahlen (s. Gl. 3):

$$\frac{x}{e^x - 1} = B_0 + B_1 \frac{x}{1!} + B_2 \frac{x^2}{2!} + \ldots + B_k \frac{x^k}{k!} + \ldots \quad \textbf{(Gl. 15)}.$$

Die Taylor-Entwicklung des zweiten Klammerterms in Gl. 14 um $x = 0$ ergibt

$$\frac{e^{N \cdot x} - 1}{x} = N + \frac{N^2}{2!}x + \frac{N^3}{3!}x^2 + \ldots + \frac{N^{k+1}}{(k+1)!}x^k + \ldots \quad \textbf{(Gl. 16)}.$$

Jetzt kann $f_n(x)$ als Produkt dieser beiden oben beschriebenen Reihen (s. Gl. 15 und 16) geschrieben werden:

$$f_n(x) = B_0 N + \left(B_0 \frac{N^2}{2!} + \frac{B_1}{1!}N\right)x + \left(B_0 \frac{N^3}{3!} + \frac{B_1}{1!}\frac{N^2}{2!} + \frac{B_2}{2!}N\right)x^2 + \ldots$$

$$\ldots + \left(B_0 \frac{N^{p+1}}{(p+1)!} + \frac{B_1}{1!}\frac{N^p}{p!} + \frac{B_2}{2!}\frac{N^{p-1}}{(p-1)!} + \ldots + \frac{B_p}{p!}N\right)x^p + \ldots \quad \textbf{(Gl. 17)}$$

Der Koeffizientenvergleich für x^p in Gl. 13 und Gl. 17 ergibt

$$\frac{S(n,p)}{p!} = \left(B_0 \frac{N^{p+1}}{(p+1)!} + \frac{B_1}{1!}\frac{N^p}{p!} + \frac{B_2}{2!}\frac{N^{p-1}}{(p-1)!} + \ldots + \frac{B_p}{p!}N\right) \quad \textbf{(Gl. 18)}.$$

Nach der Multiplikation beider Seiten mit $p!$, der Resubstitution $N \to n+1$, der Substitution $p \to k$, dem Erkennen der etwas versteckten Binomialkoeffizienten und mit den entsprechenden Vereinfachungen führt dies auf die folgende Formel für $k \geq 1$:

$$\boxed{S(n,k) = 1^k + 2^k + 3^k + \ldots + n^k = f_n^{(k)}(0) = \frac{1}{k+1} \cdot \sum_{j=0}^{k}\binom{k+1}{j} \cdot B_j \cdot (n+1)^{k+1-j}} \quad \textbf{(Gl. 19)}.$$

Das ist eine mögliche Form der gesuchten allgemeinen Formel, die äquivalent ist zu der von Jakob Bernoulli gefundenen Formel (s. Gl. 1 resp. Gl. 4). Die Äquivalenz kann wie folgt gezeigt werden:

Für $N = n+1$ gilt:

$$S(N,k) = S(n,k) + N^k = \underbrace{\left(\frac{1}{k+1} \cdot \sum_{j=0}^{k}\binom{k+1}{j} \cdot B_j \cdot N^{k+1-j}\right)}_{\text{gem. Gl. 19}} + N^k \quad \textbf{(Gl. 20)}.$$

Mit der gleichen Begründung wie bei der Herleitung von Gl. 4 aus Gl. 1 ist dieser Term gleich

$$S(N,k) = \frac{1}{k+1} \cdot \sum_{j=0}^{k}(-1)^j \cdot \binom{k+1}{j} \cdot B_j \cdot N^{k+1-j} \quad \textbf{(Gl. 21)}.$$

Die Gleichung 21 gilt für beliebige $N > 0$ (und als Bonus sogar für $N = 0$), und sie ist für $k \geq 1$ nach der Substitution $N \to n$ identisch mit der Gleichung 4, die ihrerseits – wie bereits gezeigt – äquivalent ist zur ursprünglichen Gleichung 1 nach Jakob Bernoulli: QED.

Weil $S(n,k) = 1^k + 2^k + 3^k + ... + n^k$ eine arithmetische Folge $(k+1)$ - ter Ordnung ist, gilt auch: $S(n,k) = a_{k+1}n^{k+1} + a_k n^k + ... + a_1 n + a_0$. Für $n = 1$ ist darum $S(1,k) = 1^k = 1$ auch gleich der Summe der Koeffizienten: $\sum_{j=0}^{k+1} a_j = 1$. Dies war oben bereits vermutet worden. Die Formel gemäss Gl. 21 ergibt für $n = 1$ wie erwartet bei jedem $k \geq 0$ ebenfalls tatsächlich den Wert $\underbrace{S(1,k)}_{gem.\,Gl.\,21} = 1$.

6. Nachtrag: Eine einfachere Rekursionsformel

Sind die Formeln für $S(n,k) = \sum_{m=1}^{n} m^k$ für $k \in \{0,1,2,3,...,k_o\}$ bekannt, dann lässt sich $S(n,k_o +1)$ mit der 'Teleskopmethode' recht einfach rekursiv herleiten. Dies soll am Beispiel $k_o = 2$ gezeigt werden. Als bekannt gilt hier also $\sum_{m=1}^{n} m^0 = n$, $\sum_{m=1}^{n} m^1 = \frac{n(n+1)}{2}$, $\sum_{m=1}^{n} m^2 = \frac{n(n+1)(2n+1)}{6}$, und gesucht ist $S(n,3)$.

Dazu wird allgemein ein Term $T_{k_o +2} := \sum_{m=1}^{n} \left[(m+1)^{k_o +2} - m^{k_o +2} \right]$ **(Gl. 22)** definiert. Im Beispiel wird dies $T_4 = \sum_{m=1}^{n} \left[(m+1)^4 - m^4 \right]$, was gleich $T_4 = \sum_{m=1}^{n} \left[m^4 + 4m^3 + 6m^2 + 4m + 1 - m^4 \right]$ **(Gl. 23)** ist.

Die m^4 verschwinden, und es folgt: $T_4 = 4 \cdot \underbrace{\sum_{m=1}^{n} m^3}_{S(n,3)} + 6 \cdot \underbrace{\sum_{m=1}^{n} m^2}_{S(n,2)} + 4 \cdot \underbrace{\sum_{m=1}^{n} m^1}_{S(n,1)} + 1 \cdot \underbrace{\sum_{m=1}^{n} m^0}_{S(n,0)}$ **(Gl. 24)**.

Andererseits gilt auch: $T_4 = 2^4 - 1^4 + 3^4 - 2^4 + ... - ... + n^4 - (n-1)^4 + (n+1)^4 - n^4$ **(Gl. 25)**; dieser Term vereinfacht sich 'teleskopartig' zu $T_4 = (n+1)^4 - 1$ **(Gl. 26)**.

Damit wird aus Gl. 21: $\underbrace{(n+1)^4 - 1}_{T_4} = 4 \cdot S(n,3) + 6 \cdot \frac{n(n+1)(2n+1)}{6} + 4 \cdot \frac{n(n+1)}{2} + 1 \cdot n$ **(Gl. 27)**.

Aus dieser Gleichung 27 ergibt sich sofort das richtige Resultat $S(n,3) = \frac{n^2}{4} + \frac{n^3}{2} + \frac{n^4}{4}$ **(Gl. 28)**, was äquivalent ist zu der besser bekannten Form der Formel $S(n,3) = \sum_{m=1}^{n} m^3 = \left(\frac{n(n+1)}{2} \right)^2$ **(Gl. 29)**.

Die Berechnung in obigem Beispiel kann nun entsprechend mit $k_o \in \{3, 4, 5, ...\}$ wiederholt werden. Damit ist ein weiterer rekursiver Algorithmus gefunden worden, mit dem $S(n,k)$ für grössere Exponenten k gefunden werden kann.

6. Literatur

- Michael Penn, www.youtube.com/watch?v=5gSpXslx39U.
- Norman Schaumberger, Pi-Mu-Epsilon Journal, 1976, Vol. 6, No. 5, pp. 281 ff.
- Existsforall Academy, www.youtube.com/watch?v=z25imPmrxR0.
- Alexander Farrugia: www.youtube.com/watch?v=QTHT5YPQ6qM
- Terence P. Hui: www.youtube.com/watch?v=Ki-_9LsE8VI
- Saalschütz, Louis (1893), Vorlesungen über die Bernoullischen Zahlen. Berlin: Julius Springer.
- Greg Orosi: A Simple Derivation Of Faulhaber's Formula; Applied Mathematics E-Notes, 18(2018), 124 - 126.
- Portrait von J. Bernoulli: Dank an Mediathek WDR© zum Stichtag 16. August 1705.

Weitere interessante Links:

- Mathologer Burkard Polster: www.youtube.com/watch?v=fw1kRz83Fj0.
- James Tanton: www.youtube.com/watch?v=-rGJc8aLWZU
- Terence P. Hui: www.youtube.com/watch?v=ZvVGbMkFwxM

Oberfläche eines Rotationskörpers

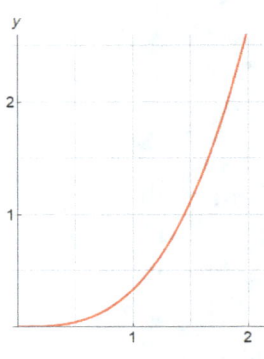

Der Graph der Funktion $f(x) = \dfrac{x^3}{3}$ wird im Intervall $x \in [0,2]$ um die $x-$ Achse gedreht. Der Graph dieser Funktion ist in der nebenstehenden Figur wiedergegeben.

Für den Inhalt der Mantelfläche A des entstehenden Rotationskörpers gilt allgemein die Formel

$$A = 2\pi \int_a^b f(x) \cdot \sqrt{1 + f'(x)^2}\, dx \,.$$

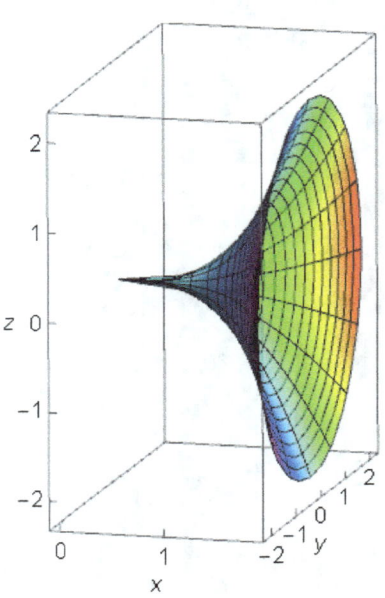

Der entstehende Rotationskörper sieht etwa so aus, wie dies in der nebenstehenden Figur wiedergegeben ist.

Er hat konkret die folgende Oberfläche:

$$A = 2\pi \cdot \int_0^2 \frac{x^3}{3} \cdot \sqrt{1 + x^2}\, dx \,.$$

Für die Berechnung des Integrals $I = \int \dfrac{x^3}{3} \cdot \sqrt{1 + x^2}\, dx$ führen wir die Variable $u := x^2$ mit $du = 2x\, dx$ ein. Damit wird das Integral zu $I = \dfrac{1}{6} \cdot \int u \cdot \sqrt{1 + u}\, du$. Mit einer weiteren Substitution $s := u + 1$ wird das Integral $I = \int (s - 1)\sqrt{s}\, ds$. Nach der Ausmultiplikation lässt sich dieses Integral leicht berechnen: $I = \dfrac{s^{5/2}}{15} - \dfrac{s^{3/2}}{9} + const.$, was gleich $\dfrac{1}{15}(u+1)^{5/2} - \dfrac{1}{9}(u+1)^{3/2} + const.$ und schliesslich gleich $\dfrac{1}{15}(x^2+1)^{5/2} - \dfrac{1}{9}(x^2+1)^{3/2} + const.$ ist.

Das ist zusammengefasst gleich $I = \dfrac{1}{45}(x^2+1)^{3/2} \cdot (3x^2 - 2) + const.$; Einsetzen der Grenzen ist nun kein Problem mehr und ergibt für A:

$$A = 2\pi \cdot \int_0^2 \frac{x^3}{3} \cdot \sqrt{1 + x^2}\, dx = 2\pi \cdot \left[\frac{1}{45}(x^2+1)^{3/2} \cdot (3x^2 - 2) \right]_0^2 = \frac{4\pi}{45}\left(1 + 25\sqrt{5}\right) \approx 15.89 \,.$$

Oft kann ein kompliziert aussehendes Integral mit geschickt gewählten Substitutionen ganz leicht berechnet werden!

Unendlich viele Primzahlen?

Dies ist ein genialer Widerspruchs – Beweis dafür, dass es unendlich viele Primzahlen gibt.

Beh.: Es gibt unendlich viele Primzahlen.

Bew.: Wir nehmen das **Gegenteil** der Behauptung an und suchen mit dieser Annahme einen Widerspruch.

Annahme: "Es gibt nur endlich viele Primzahlen, nämlich $p_1 = 2, p_2 = 3, p_3 = 5, ..., p_k$, wobei p_k die letzte und grösste ist."

Jetzt betrachten wir die Summe

$$S = \sum_{n=1}^{\infty} \frac{1}{n} = \infty.$$

Diese muss aber gemäss der Annahme gleich

$$S^* = \sum_{r_i \geq 0} \frac{1}{p_1^{r_1} \cdot p_2^{r_2} \cdot ... \cdot p_k^{r_k}}$$

sein. Diese Summe kann auch als Produkt angegeben werden:

$$S^* = \prod_{i=1}^{k} \left(1 + \frac{1}{p_i} + \frac{1}{p_i^2} + \frac{1}{p_i^3} + ... \right).$$

Der Klammerausdruck stellt eine unendliche geometrische Reihe mit einem Faktor $0 < \frac{1}{p_i} < 1$ dar.

Die ganze Summe ist darum gleich

$$S^* = \prod_{i=1}^{k} \frac{1}{1 - \frac{1}{p_i}} < \infty,$$

und damit endlich! Damit erhalten wir

$$\infty = S = S^* < \infty.$$

Das ist der gesuchte **Widerspruch**: Eine Grösse kann nicht gleichzeitig unendlich **und** endlich sein. Die Annahme, dass es nur endlich viele Primzahlen gäbe, ist darum falsch, und damit ist ihr Gegenteil richtig:

Es gibt unendlich viele Primzahlen.

(was allerdings schon Euklid klar war...!)

Fresnel–Integrale, berechnet mit dem Residuensatz

Die Fresnel–Integrale $\int\limits_0^\infty \sin\left(t^2\right)dt$ und $\int\limits_0^\infty \cos\left(t^2\right)dt$ können mit dem Residuensatz berechnet wer-

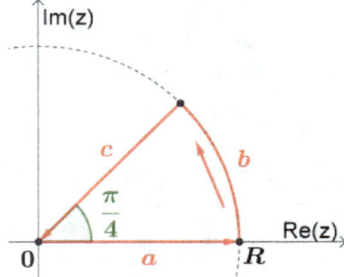

den. Wir benützen die Funktion $f(z) = e^{-z^2}$ und berechnen ihr gesamtes Linienintegral entlang des geschlossenen Weges, der in der nebenstehenden Figur rot wiedergegeben ist. Da die Funktion $f(z)$ in dieser umschlossenen Fläche keine Residuen aufweist, ist die Summe der drei Wegintegrale $I_a + I_b + I_c$ gemäss dem Residuensatz gleich Null. Dies ist auch der Fall für den Grenzwert $R \to \infty$.

Strecke a : Das Integral $I_a = \int\limits_0^R e^{-x^2}dx$ ist gleich $\frac{1}{2} \cdot \sqrt{\pi} \cdot Erf(R)$, und der Grenzwert für $R \to \infty$

wird gleich $\frac{\sqrt{\pi}}{2}$.

Bogen b : Auf dem Bogen b ist $z = R \cdot e^{i \cdot t}$, mit $0 \le t \le \frac{\pi}{4}$, und $dz = i \cdot R \cdot e^{i \cdot t}dt$. Das Integral wird

gleich $I_b = \int\limits_0^{\pi/4} e^{-R^2\left(e^{2it}\right)} \cdot iR\,e^{it}\,dt = \int\limits_0^{\pi/4} e^{-R^2(\cos(2t))} \cdot e^{-R^2 i \cdot (\sin(2t))} iR\,e^{it}\,dt$. Das kann zusammengefasst

werden zu $I_b = \int\limits_0^{\pi/4} e^{-R^2 \cos(2t)} \cdot i \cdot R \cdot e^{i\left(t - R^2 \sin(2t)\right)}dt$. Jetzt verwenden wir, dass der Betrag eines Integ-

rals höchstens gleich dem Integral des Betrages des Integranden ist. Damit wird

$\left| I_b \right| \le \int\limits_0^{\pi/4} R \cdot \underbrace{e^{-R^2 \cos(2t)}}_{\ge 0} \cdot \underbrace{\left| e^{i\left(t - R^2 \sin(2t)\right)} \right|}_{=1} dt$. Der Grenzwert dieses Betrages für $R \to \infty$ wird gleich Null.

Strecke c : Wir berechnen das entgegengesetzte Integral: Hier wird $z = t \cdot e^{i \cdot \pi/4}$, mit $dz = e^{i \cdot \pi/4}dt$,

und damit $-I_c = \int\limits_0^R e^{-t^2 \cdot e^{i \cdot \pi/2}}dz = \int\limits_0^R e^{-i \cdot t^2} e^{i \cdot \pi/4}\,dt$. Dies ist gleich $e^{i \cdot \pi/4} \cdot \int\limits_0^R e^{-i \cdot t^2}dt$. Der Grenzwert für

$R \to \infty$ wird gleich $e^{i \cdot \pi/4} \cdot \int\limits_0^\infty e^{-i \cdot t^2}\,dt = e^{i \cdot \pi/4} \cdot \int\limits_0^\infty \left(\cos\left(t^2\right) - i \cdot \sin\left(t^2\right)\right)dt$. Wegen des Residuensatzes

muss $I_a = -I_c$ sein, da ja I_b gleich Null ist: $I_a = \frac{\sqrt{\pi}}{2} = e^{i \cdot \pi/4} \cdot \int\limits_0^\infty \left(\cos\left(t^2\right) - i \cdot \sin\left(t^2\right)\right)dt = -I_c$.

Unter Berücksichtigung von Real– und Imaginärteil in dieser Gleichung ergibt sich problemlos:

$$\boxed{\int\limits_0^\infty \cos\left(t^2\right)dt = \frac{1}{2}\sqrt{\frac{\pi}{2}} = \int\limits_0^\infty \sin\left(t^2\right)dt}$$

Röhre um einen Funktionsgraphen

Um einen gegebenen Funktionsgraphen soll eine Röhre gezeichnet werden mit einem vorgegebenen

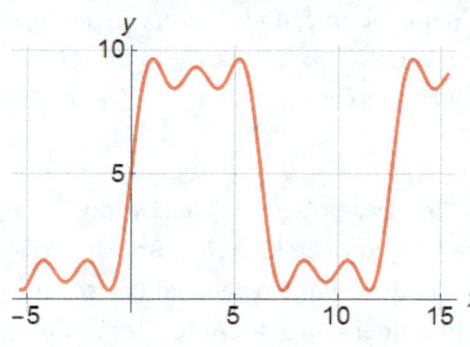

Radius r. Als Beispiel wird hier der Graph von

$$f(x) = 5 + 5\left(\sin\left(\frac{x}{2}\right) + \frac{1}{3}\sin\left(\frac{3x}{2}\right) + \frac{1}{5}\sin\left(\frac{5x}{2}\right) \right) \text{ ge-}$$

wählt, der in der nebenstehenden Figur wiedergegeben ist. Als erstes wird ein allgemeiner Punkt $M(x, f(x), 0)$ des Graphen ausgewählt. Um diesen Punkt als Mittelpunkt wird ein Kreis mit beispielsweise Radius $r = 0.5$ berechnet, dessen Ebene senkrecht zur x − Achse steht. Dies ist der Fall für alle Kreispunkte $K\big(x, f(x) + r \cdot \cos(\omega), r \cdot \sin(\omega)\big)$; für den Winkel ω gilt dabei, dass $0 \le \omega < 2\pi$ ist.

Als nächstes wird die Steigung $m = f'(x)$ der Kurve berechnet. Der Steigungswinkel φ ist gleich $\varphi = \arctan(m) = \arctan(f'(x))$. Jeder Punkt K des Kreises wird nun um eine Parallele zur z − Achse durch den Kreismittelpunkt $M(x, f(x), 0)$ um diesen Winkel φ gedreht. Die Drehmatrix dafür ist

gleich $R = \begin{pmatrix} \cos(\varphi) & -\sin(\varphi) & 0 \\ \sin(\varphi) & \cos(\varphi) & 0 \\ 0 & 0 & 1 \end{pmatrix}$. Diese wird angewendet auf den in den Ursprung verschobenen

Kreis mit den Punkten $K^* = \begin{pmatrix} 0 \\ r \cdot \cos(w) \\ r \cdot \sin(w) \end{pmatrix}$. Zum Resultat wird dann der Vektor $\vec{v} = \begin{pmatrix} x \\ f(x) \\ 0 \end{pmatrix}$ addiert,

womit der nun gedrehte Kreis wieder zu seinem Mittelpunkt zurückverschoben wird. Zusammengefasst: $P = R.K^* + \vec{v}$ ergibt alle Punkte P des gedrehten Kreises mit dem Mittelpunkt M.

Die Röhre kann nun mit der Mathematica−Anweisung ParametricPlot3D

$\Big[P(\dots), \{w, 0, 2Pi\}, \{x, -5.3, 15.3\}\Big]$ gezeichnet werden.

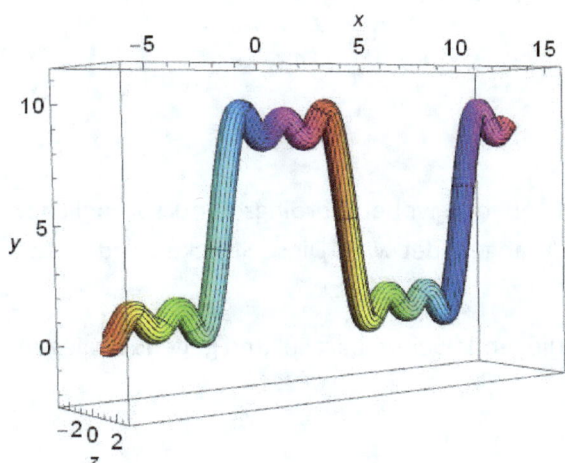

Hier das Programm, mit dem die nebenstehende Grafik gezeichnet wurde:

```
f[x_] := 5 + 5 Sum[Sin[(2 k - 1) x / 2] / (2 k - 1), {k, 1, 3}];
r = 0.5;
phi[x_] := ArcTan[f'[x]];
R[x_] := {{Cos[phi[x]], -Sin[phi[x]], 0},
    {Sin[phi[x]], Cos[phi[x]], 0}, {0, 0, 1}};
ParametricPlot3D[R[x].{0, +r * Cos[w], r * Sin[w]} +
    {x, f[x], 0}, {w, 0, 2 Pi}, {x, -5.3, 15.3},
  PlotPoints -> {101, 101},
  ColorFunction -> Function[{x, y, z}, Hue[2 x]],
  AxesLabel -> {x, y, z}, LabelStyle -> {14, GrayLevel[-10]},
  PlotRange -> {{-6., 16.}, {-2.5, 11.5}, {-3, 3}}]
```

Conway's Circle

Bei einem beliebigen Dreieck ABC werden in jeder Ecke in der Verlängerung der Seiten nach aussen je zwei Strecken angehängt, die gleich lang sind wie die jeweils gegenüberliegende Seite, wie dies in der unten wiedergegebenen Grafik wiedergegeben ist. Alle Endpunkte A_B, A_C, B_C, B_A, C_A, C_B dieser Strecken liegen erstaunlicherweise auf einem Kreis C_C, auf 'Conway's Circle'.

John Horton Conway (* 26. Dezember 1937 in Liverpool, Vereinigtes Königreich; † 11. April 2020 in New Brunswick, New Jersey, Vereinigte Staaten) war ein genialer britischer Mathematiker, der insbesondere auch als Autor der bekannten Software "Game Of Life" bekannt ist.

Aus der Grafik und gemäss Konstruktion ist offensichtlich, dass alle drei Strecken $X_Y Y_X$ gleich lang sind und alle je auf Tangenten an den Inkreis C_I des Dreiecks ABC liegen.

Die Berührungspunkte des Inkreises C_I mit den jeweiligen Dreieckseiten, z. B. A', halbieren die verlängerten zugehörigen Seitenstrecken, hier $B_C C_B$.

Dies kann gezeigt werden, indem die Strecke $B_A A_B$ zuerst um A um α, dann um C um γ und dann um B um β gedreht wird. Der ursprüng-

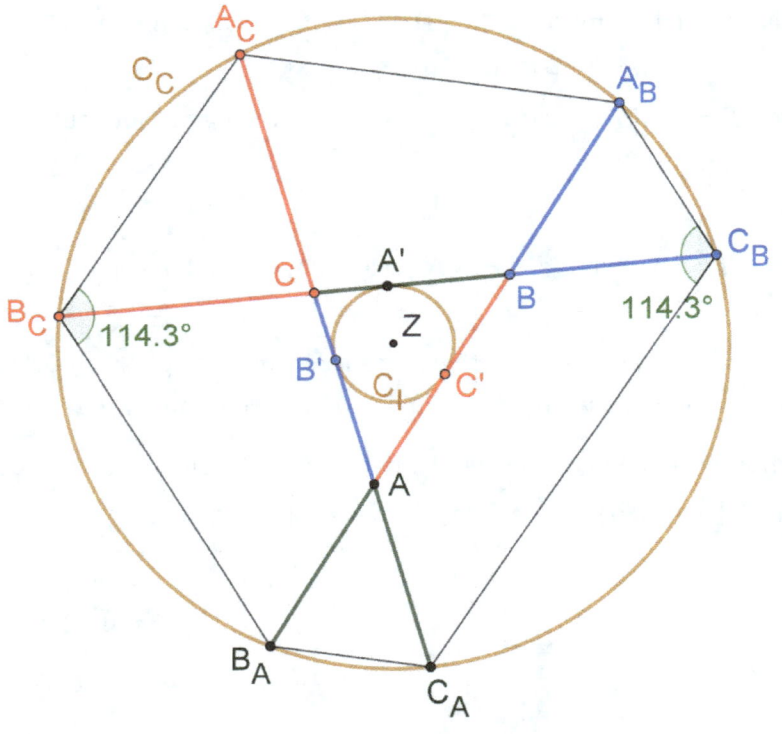

liche Punkt C' wird dadurch wieder auf sich selbst abgebildet, wobei allerdings der ursprüngliche Punkt B_A auf A_B und der ursprüngliche Punkt B_A auf A_B abgebildet wird. Diese Strecke wurde also um 180° gedreht, aber mit dem gleichen Mittelpunkt C'.

Im entstandenen Sechseck sind übrigens gegenüberliegende Seiten parallel und gegenüberliegende Winkel gleich!

Hyperbel y=1/x und Sinh und Cosh

Es gibt einen interessanten geometrischen Zusammenhang zwischen dem Graphen der Funktion

$y = \dfrac{1}{x}$ und den Funktionen $y = \cosh(x)$ und $y = \sinh(x)$. In Analogie zum Kreis, wo die Bogenlän-

ge eines Winkels im Einheitskreis gleich dem Inhalt des zugehörigen Kreissektors ist, gilt dies für die

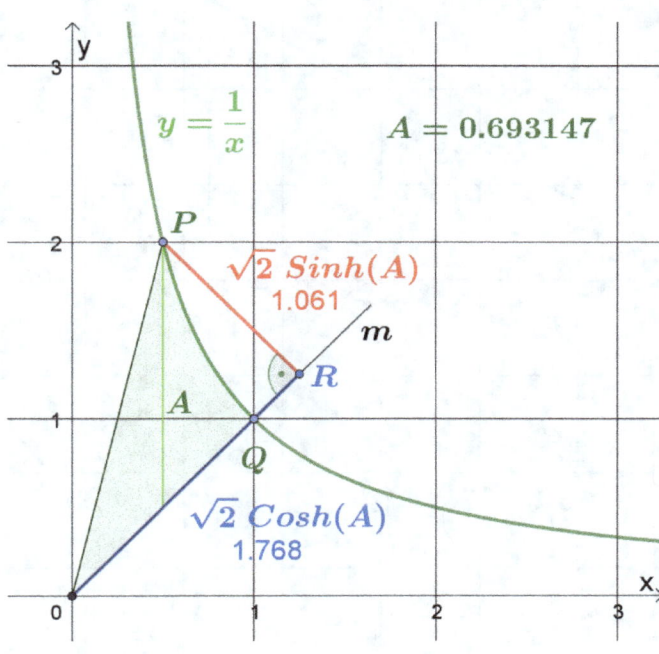

in nebenstehendem Diagramm eingezeichnete Fläche A. Wir wählen einen beliebigen Punkt P auf dem Graphen der Funktion

$y = \dfrac{1}{x}$ und fällen das Lot auf die Gerade

$y = x$, was den Punkt R definiert. Dann hat die Strecke PR die Länge $\sqrt{2}\sinh(A)$ und die Strecke OP die Länge

$\sqrt{2}\cosh(A)$. A ist dabei der Inhalt der grün eingezeichneten Fläche.

Im links wiedergegebenen Beispiel hat P die Koordinaten $(0.5 / 2)$, womit

$A \approx 0.693147$ wird. So bekommt PR

tatsächlich die Länge $\sqrt{2}\sinh(A) \approx 1.061$

und OR die Länge $\sqrt{2}\cosh(A) \approx 1.768$!

Diese Konstruktion könnte natürlich einfach eine nette Näherung sein. Ist die Konstruktion aber

exakt, dann wird für einen beliebigen Punkt $P\left(x_o / x_o^{-1}\right)$ die Fläche

$$A = \int_0^{x_o}\left(\frac{1}{x_o^2}u - u\right)du + \int_{x_o}^1\left(\frac{1}{u} - u\right)du = -\ln(x_o).$$

Der Punkt R hat die Koordinaten $\left(\dfrac{1}{2}\left(\dfrac{1}{x_o} + x_o\right), \dfrac{1}{2}\left(\dfrac{1}{x_o} + x_o\right)\right)$, die Strecke OR hat die Länge

$\dfrac{1}{\sqrt{2}}\left(\dfrac{1}{x_o} + x_o\right)$, und die Strecke PR hat die Länge $\dfrac{1}{\sqrt{2}}\left(\dfrac{1}{x_o} - x_o\right)$.

Gemäss einer Definition gilt: $\cosh(v) := \dfrac{e^v + e^{-v}}{2}$. Für $v \to -\ln(x_o)$ geht $\sqrt{2}\cosh(-\ln(x_o))$ tat-

sächlich über in den Term $\dfrac{1}{\sqrt{2}}\left(\dfrac{1}{x_o} + x_o\right)$. Dies gilt analog für $\sinh(v) := \dfrac{e^v - e^{-v}}{2}$. Für $v \to -\ln(x_o)$

ergibt $\sqrt{2}\sinh(-\ln(x_o)) \approx 1.06066$ für $x_o = 0.5$, was mit dem aus der Grafik hergeleiteten Wert

bestens übereinstimmt!

Ein rechtwinkliges Dreieck mit e^3, $\pi^{2.5}$ und π^2

In der folgenden Figur ist ein Dreieck mit den Seiten $a = \pi^{2.5}$, $b = \pi^2$ und $c = e^3$ wiedergegeben:

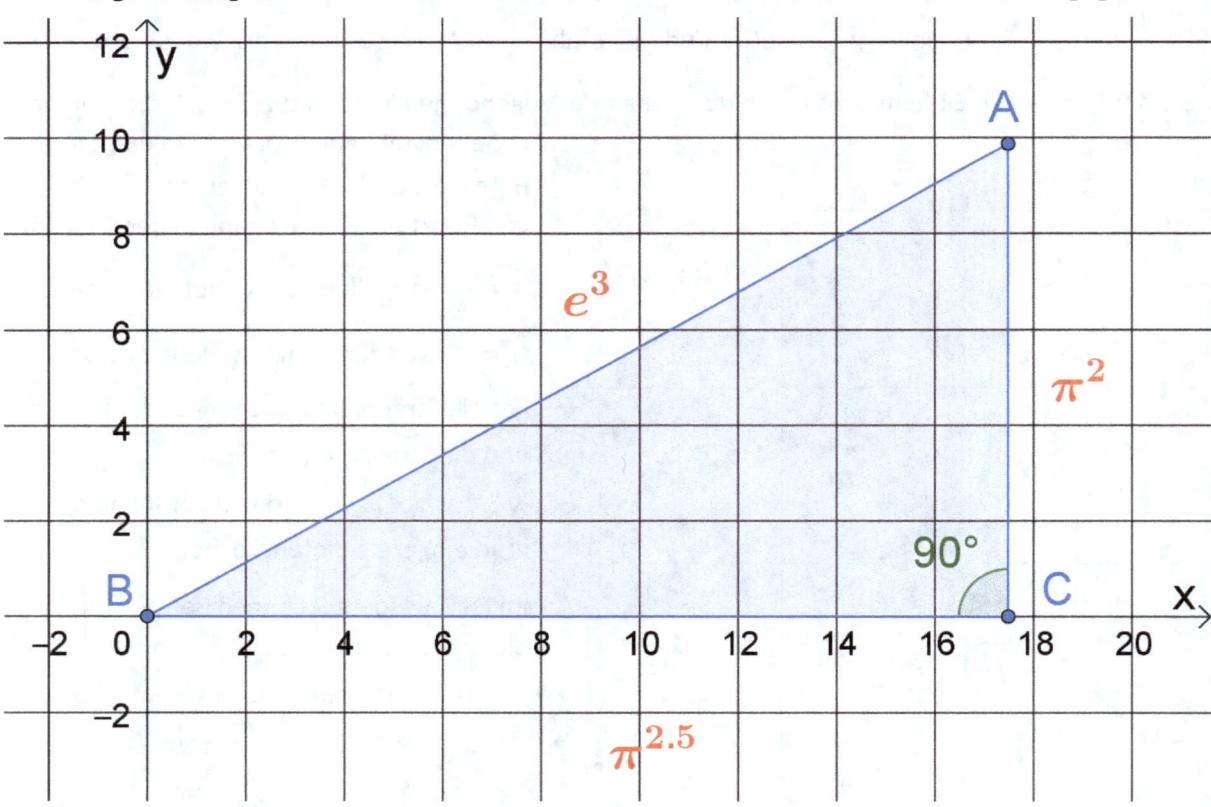

Der Winkel γ ist ein rechter Winkel! Dies kann mit *Mathematica* überprüft werden:

```
In[1]:= Pi^4. + Pi^5.
```

Out[1]= 403.429

```
In[2]:= E^6.
```

Out[2]= 403.429

```
In[3]:= ArcCos[(E^6. - Pi^4. - Pi^5) / (2 * Pi^2. * Pi^2.5)] / Degree
```

Out[3]= 90.

In der Tat ist $\pi^4 + \pi^5 = 403.429 = e^6$! Der Satz von Pythagoras ist umkehrbar – also ist $\gamma = 90°$.

Mit dem Kosinussatz kann ausserdem der Winkel γ in Graden direkt berechnet werden – und dies ergibt tatsächlich – wie schon in der Konstruktion mit GeoGebra – ebenfalls wieder 90°.

So finden sich in der Mathematik immer wieder hoch erstaunliche Tatsachen, die man so nie zu erträumen gewagt hätte!

Sind Zylinderschnitte Ellipsen?

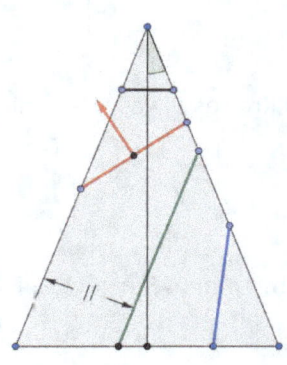

Schneidet eine Ebene einen Kegel, entstehen als Schnittkurven bekanntlich **Kreise**, **Ellipsen**, **Parabeln** oder **Hyperbeln**, je nachdem, ob der Winkel zwischen dem Normalenvektor der Schnittebene und der Kegelachse gleich **Null**, **kleiner**, **gleich** oder **grösser** als die Differenz von 90° und dem halbe Öffnungswinkel des Kegels ist.

Schneidet eine Ebene einen Zylinder, entstehen als Schnittkurven Kreise, wenn die Schnittebene senkrecht zur Zylinderachse steht. Was für eine Schnittkurve entsteht, wenn die Ebene aber um einen Winkel $\alpha < 90°$ zur Zylinderachse verdreht wird?

Die Vermutung besteht, dass dies ebenfalls **Ellipsen** sein könnten. Zum Beweis nehmen wir ohne Einschränkung der Allgemeinheit an, dass der Zylinder einen Radius 1 habe.

In der nebenstehenden Figur ist ein solcher Zylinder dargestellt, dessen Achse mit der z - Achse eines kartesischen Koordinatensystems zusammenfällt. Er wird von einer Schnittebene durch den Ursprung geschnitten, die relativ zur Grundrissebene des Zylinders um einen Winkel α um die y -Achse gedreht worden ist.

Der Zylinder hat die Gleichung $x^2 + y^2 = 1$, mit beliebigen Werten für z. Die oben beschriebene Schnittebene hat die Gleichung $z = m \cdot x$, mit $m = \tan(\alpha)$.

Im Zylindermantel sind die Geraden mit einem allgemeinen Punkt $\begin{pmatrix} \cos(\varphi) \\ \sin(\varphi) \\ z \end{pmatrix}$ enthalten. Der Winkel φ (mit $0 \leq \varphi < 2\pi$) beschreibt die Lage der Geraden im Zylindermantel. Der Schnitt dieser Geraden mit der Schnittebene sind die Punkte

$\begin{pmatrix} \cos(\varphi) \\ \sin(\varphi) \\ m \cdot \cos(\varphi) \end{pmatrix}$. Was ist das für eine Kurve? Um dies herauszufinden, drehen wir diese Kurve um den

Winkel α um die y - Achse, was mit der Drehmatrix $M = \begin{pmatrix} \cos(\alpha) & 0 & \sin(\alpha) \\ 0 & 1 & 0 \\ -\sin(\alpha) & 0 & \cos(\alpha) \end{pmatrix}$ geschieht. Da-

mit wird diese Kurve in die Grundrissebene gedreht. Die Matrix M dreht einen Punkt $\begin{pmatrix} x \\ y \\ m \cdot x \end{pmatrix}$ der

Schnittebene in einen Punkt $\begin{pmatrix} x\cos(\alpha) + x\sin(\alpha)\tan(\alpha) \\ y \\ 0 \end{pmatrix}$, was vereinfacht gleich $\begin{pmatrix} x / \cos(\alpha) \\ y \\ 0 \end{pmatrix}$ ist.

Angewendet auf den allgemeinen Punkt der Schnittkurve wird dies gleich $\begin{pmatrix} \cos(\varphi)/\cos(\alpha) \\ \sin(\varphi) \\ 0 \end{pmatrix}$. Das ist

die Gleichung eines in der x - Richtung mit dem Faktor $\dfrac{1}{\cos(\alpha)}$ gestreckten Kreises – was tatsächlich

eine Ellipse ist! QED.

Für $\alpha = 0$ wird diese Ellipse erwartungsgemäss zu einem Kreis.

Die folgende Grafik zeigt den Schnitt eines Zylinders mit einer Schnittebene mit einem Steigungswinkel $\alpha = -60°$.

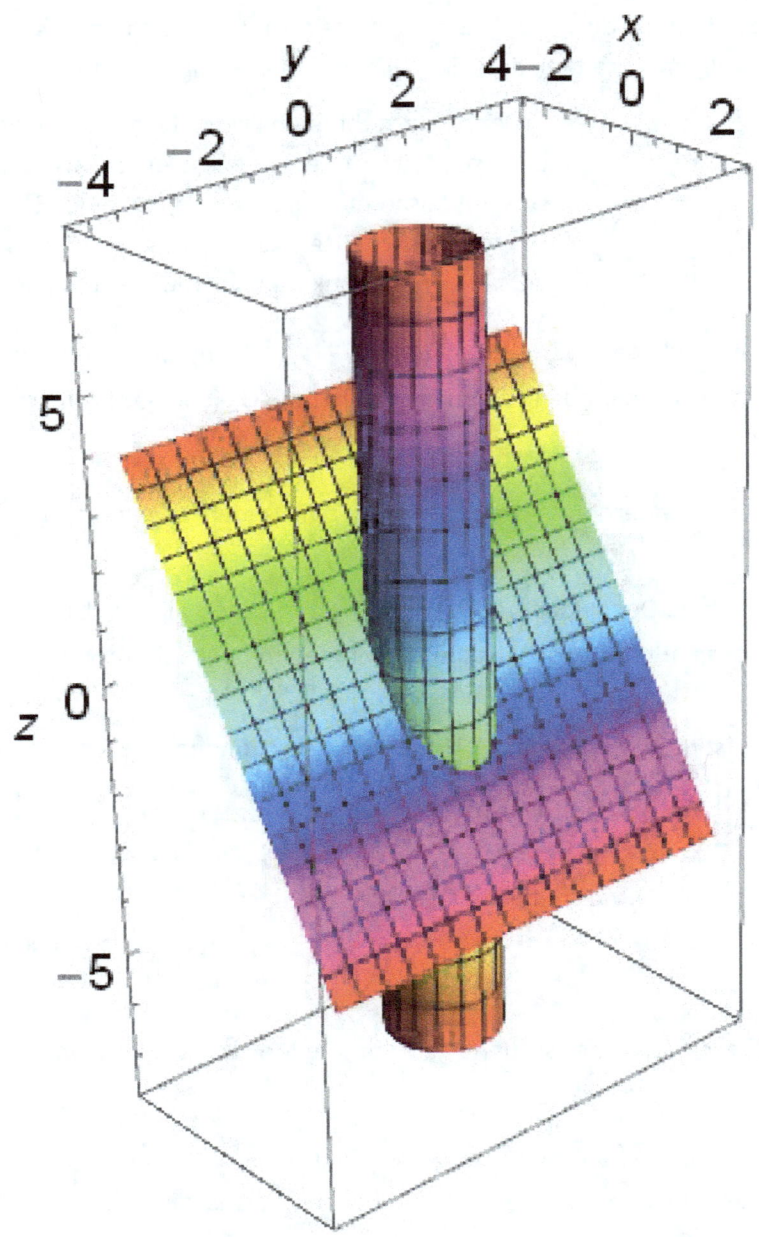

Ein neuer, trigonometrischer Beweis des Satzes von Pythagoras

ABC News' Linsey Davis spoke with New Orleans high school seniors Calcea Johnson and Ne'Kiya Jackson on finding a possible new proof to a 2,000-year-old math theorem and discuss their future goals.

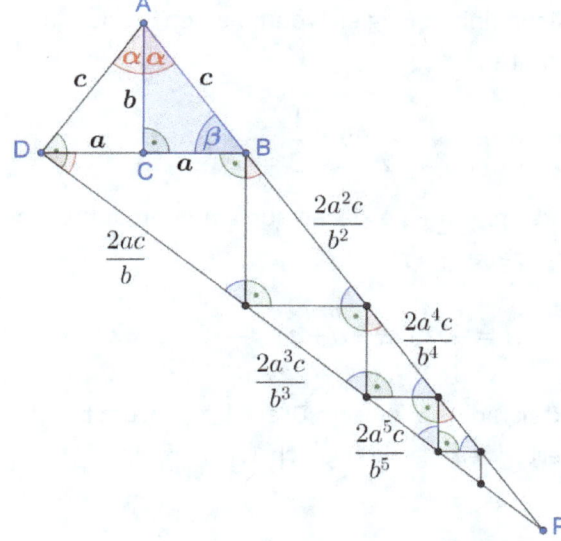

Die Behauptung ist, dass in jedem rechtwinkligen Dreieck mit Katheten a und b und der Hypotenuse c der 'Satz des Pythagoras' gilt:

$$a^2 + b^2 = c^2.$$

In der nebenstehenden Figur wurce ein beliebiges rechtwinkliges Dreieck ABC mit der Hypotenuse c an seiner Katheten b gespiegelt, was das Dreieck ADB ergibt. Dieses wurde durch einen rechten Winkel bei D und Verlängerung der Seite AB zu einem rechtwinkligen Dreieck ADP ergänzt. Durch Strecken parallel resp. senkrecht zur Seite BD wurde das Dreieck BDP in unendlich viele rechtwinklige Dreiecke unterteilt, die alle zum Dreieck ABC ähnlich sind.

Aus der Konstruktion und nach Definition ist klar, dass $\sin(2\alpha) = \dfrac{\overline{DP}}{\overline{AP}}$ ist. Beide diese Strecken sind

aber Summen von je einer unendlichen Reihe:

$$\overline{DP} = \frac{2ac}{b} \cdot \frac{1}{1 - \dfrac{a^2}{b^2}} = \frac{2abc}{b^2 - a^2} \text{ , und } \overline{AP} = \frac{2c}{1 - \dfrac{a^2}{b^2}} - c = \frac{2cb^2}{b^2 - a^2} - c = \frac{c(a^2 + b^2)}{b^2 - a^2}.$$

Darum wird $\qquad \sin(2\alpha) = \dfrac{2abc}{b^2 - a^2} \cdot \dfrac{b^2 - a^2}{c(a^2 + b^{2)}} = \dfrac{2ab}{a^2 + b^2}$ **(Gl. 1)**.

Jetzt wird noch der Sinus–Satz auf das Dreieck ADB angewendet:

Hier gilt: $\dfrac{\sin(2\alpha)}{2a} = \dfrac{\sin(\beta)}{c}$. Weiter ist aber auch $\sin(\beta) = \dfrac{b}{c}$, womit $\sin(2\alpha) = \dfrac{2ab}{c^2}$ **(Gl. 2)** wird.

Aus Gl. 1 und Gl. 2 folgt: $\sin(2\alpha) = \dfrac{2ab}{a^2 + b^2} = \dfrac{2ab}{c^2}$. Die Zähler dieser beiden gleichen Brüche sind

gleich, also müssen auch ihre Nenner gleich sein. Daraus folgt:

$$\boxed{a^2 + b^2 = c^2}.$$

Dies ist gleich der Behauptung: Ein trigonometrischer Beweis ohne Zirkelschlüsse!

Inkreis im 3–4–5–Dreieck

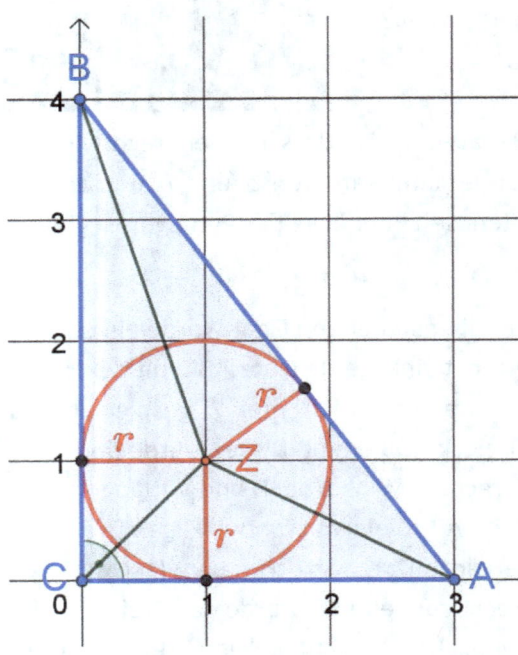

Das berühmteste rechtwinklige Dreieck hat Seiten mit Längen 3, 4 und 5.

Sein Flächeninhalt ist gleich dem halben Produkt aus den Katheten:

$$A = \frac{1}{2}ab = \frac{1}{2} \cdot 3 \cdot 4 = 6.$$

Andererseits kann die Fläche auch mit dem Inkreisradius angegeben werden:

$$A = \frac{1}{2} \cdot r \cdot (a+b+c) = \frac{1}{2} \cdot r \cdot 12 = 6.$$

Der Inkreisradius in diesem Dreieck ist darum bemerkenswerterweise gerade gleich 1.

Natürlich hätte die Fläche auch mit dem Satz von Heron berechnet werden können. Dabei ist s gleich dem halben Dreiecksumfang. Das ergibt natürlich wieder den gleichen Inhalt:

$$A = \sqrt{s(s-a)(s-b)(s-c)} = \sqrt{6 \cdot (6-3)(6-4)(6-5)} = 6.$$

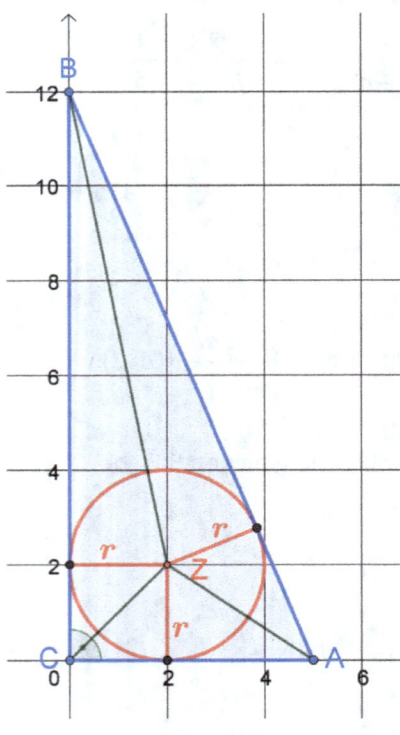

Das zweitberühmteste rechtwinklige Dreieck hat Seiten mit Längen 5, 12 und 13.

Sein Flächeninhalt ist $A = 30$, weshalb der Inkreisradius der Gleichung

$$A = 30 = \frac{1}{2} \cdot r \cdot (5+12+13)$$

genügt. Darum ist hier der Inkreisradius $r = 2$.

P.S.: In einem rechtwinkligen Dreieck mit ganzzahligen Katheten a, b und ganzzahliger Hypotenuse c ist der Inkreisradius ebenfalls ganzzahlig:

$$\left\{ a, b, \sqrt{a^2+b^2} \right\} \in \mathbb{N}^3 \rightarrow \frac{ab}{a+b+\sqrt{a^2+b^2}} \in \mathbb{N}.$$

Und wenn $GCD(a,b,c) = 1$ ist, dann sind genau eine der Katheten a, b und die Hypotenuse c ungerade.

Pythagoräische Zahlentripel

Pythagoräische Zahlentripel sind Tripel $\{a,b,c\} \in \mathbb{N}^3$ mit $a^2 + b^2 = c^2$. Sie heissen primitiv, wenn $GCD(a,b,c) = 1$ ist. Darum ist $\{3,4,5\}$ ein primitives pythagoräisches Tripel, während $\{10,24,26\}$ nicht primitiv ist.

Es ist seit Euklid bekannt, dass für alle $m, n \in \mathbb{N}$ mit $m > n > 0$ das Tripel gemäss der folgenden Formel e$\{a = m^2 - n^2, b = 2mn, c = m^2 + n^2\}$ pythagoräisch ist, denn $\left(m^2 - n^2\right)^2 + \left(2mn\right)^2$ ist identisch zu $\left(m^2 + n^2\right)^2$.

Das mit der Euklid'schen Formel erzeugte Tripel ist genau dann primitive, wenn m und n relative prim sind und genau eine dieser Zahlen gerade ist. Sind m und n beide ungerade aber relative prim, dann ist das entstehende Tripel das Doppelte eines primitive Tripels.

In der folgenden Tabelle sind die sich mit dieser Formel ergebenden Tripel für $2 \le m \le 8$ und den zugehörigen Werten von n mit $1 \le n < m$ wiedergegeben:

```
         m = 2 : {{3, 4, 5}}
      m = 3 :  {{8, 6, 10}, {5, 12, 13}}
   m = 4 : {{15, 8, 17}, {12, 16, 20}, {7, 24, 25}}
 m = 5 : {{24, 10, 26}, {21, 20, 29}, {16, 30, 34}, {9, 40, 41}}
m = 6 : {{35, 12, 37}, {32, 24, 40}, {27, 36, 45}, {20, 48, 52}, {11, 60, 61}}
m = 7 : {{48, 14, 50}, {45, 28, 53}, {40, 42, 58}, {33, 56, 65}, {24, 70, 74}, {13, 84, 85}}
m = 8 : {{63, 16, 65}, {60, 32, 68}, {55, 48, 73}, {48, 64, 80}, {39, 80, 89}, {28, 96, 100}, {15, 112, 113}}
```

Weniger bekannt dürfte es sein, dass sich mit der Euklid'schen Formel zwar alle primitiven, aber **nicht alle** pythagoräischen Tripel ergeben: So kann z. B. $\{9,12,15\}$ damit nicht gefunden werden.

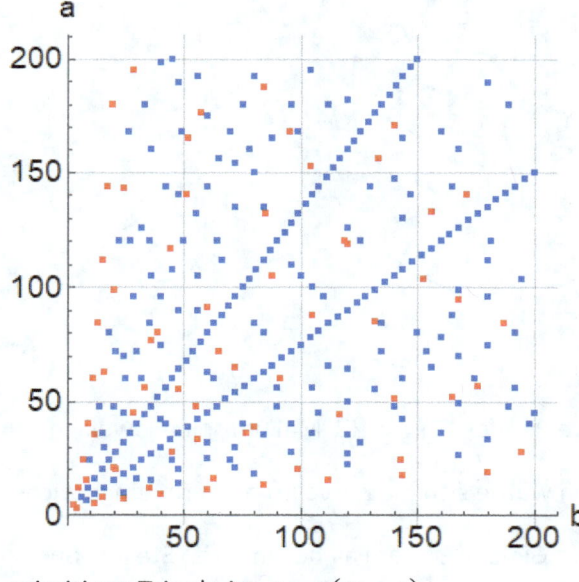

In der nebenstehenden Figur sind die kleinsten paar Koordinatenpaare $\{a,b\}$ als Punkte wiedergegeben, die zu einem primitiven respektive zu einem nicht primitiven Zahlentripel $\{a,b,c\}$ führen.

Sierpinski hat gezeigt, dass in jedem primitiven pythagoräischen Tripel die Hypotenuse eine ungerade Länge aufweist. Daraus folgt, dass darin genau eine der Katheten eine ungerade Länge aufweist.

In jedem pythagoräischen Dreieck ist ausserdem der Inkreisradius r eine natürliche Zahl, und in primitiven Tripeln ist $r = n(m-n)$.

Über pythagoräische Tripel existiert eine riesige Literatur. Für weitere nette Eigenschaften s. z. B. https://en.wikipedia.org/wiki/Pythagorean_triple.

π ist irrational.

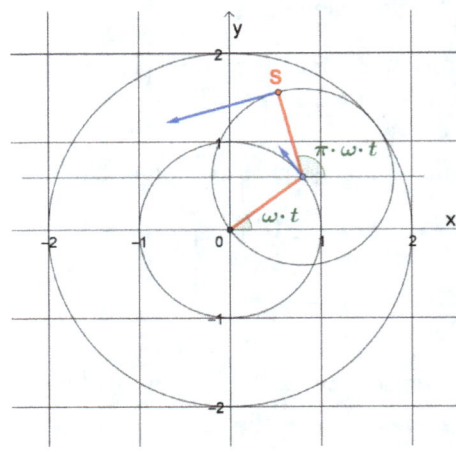

Da $\pi = 3.14159...$ transzendent ist, ist diese Zahl auch irrational. Das kann mit einem Doppelpendel veranschaulicht werden, bei dem sich das erste Pendel mit konstanter Winkelgeschwindigkeit ω um den Ursprung bewegt, während sich das zweite Pendel, das am Ende des ersten drehbar befestigt ist, mit der π –fachen Winkelgeschwindigkeit um dieses Ende dreht. Der Weg der Spitze **S** des zweiten Pendels ist in der folgenden Figur wiedergegeben:

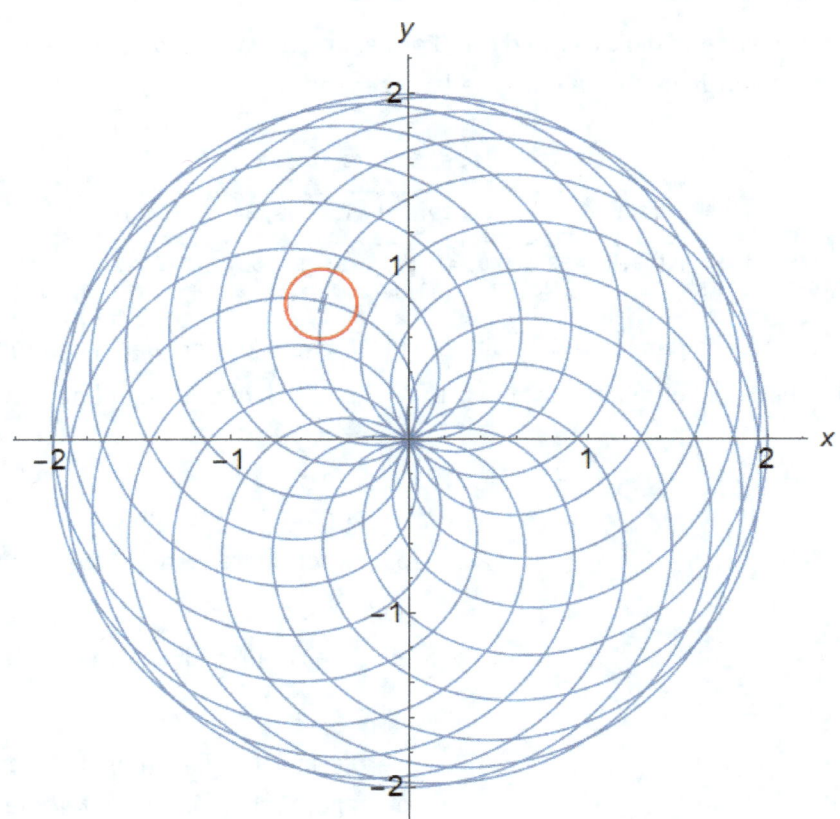

Das innere Pendel hat sich dabei 7 Mal und das äussere Pendel $\pi \cdot 7 \approx 22$ Mal um seine jeweilige Achse gedreht. Wäre $\pi = \dfrac{22}{7}$ und damit rational, dann würde sich die Kurve im oben rot eingezeichneten Kreis exakt schliessen, was sie aber nicht tut! Das Gleiche ist der Fall bei anderen Stellen, an denen sich die Kurve wieder beinahe, aber eben nur beinahe, mit sich selbst schliesst, z. B. bei der ausgezeichneten Näherung $\pi = \dfrac{355}{113} \approx 3.14159{\color{red}92...}$. Kein Beweis, aber anschaulich ganz nett!

Eine spezielle Irrationalzahl

Hier wird die Dezimalzahl $z = 0.d_1 d_2 d_3 d_4...$ betrachtet. Dabei sind $d_1, d_2, d_3, d_4,...$ Ziffern von 1 bis 9, je inklusive. Die Ziffer d_n ist definiert als die erste Ziffer der Zahl $2^n + 3^n$. Hier folgt eine Tabelle mit den ersten 12 Nachkommastellen der Zahl z :

$$\begin{pmatrix} n: & 1 & 2 & 3 & 4 & 5 & 6 & 7 & 8 & 9 & 10 & 11 & 12 \\ d_n: & 5 & 1 & 3 & 9 & 2 & 7 & 2 & 6 & 2 & 6 & 1 & 5 \end{pmatrix}$$

Die so konstruierte Zahl ist damit $z \approx 0.5139...$.

Behauptung: z ist irrational.

Beweis: Klarerweise stellt diese Zahl einen nicht abbrechenden Dezimalbruch dar. Zu zeigen ist noch, dass diese Dezimalzahl aperiodisch ist.

Michael Penn versucht einen Widerspruchsbeweis (s. https://www.youtube.com/watch?v=MCUAaGfIs2s&t=259s), der aber kritisiert wurde, weil eine Periodizität auch erst nach beliebig vielen Vorziffern auftauchen könnte.

Ausserdem könnte es ausreichen, zu zeigen, dass die Folge der ersten Ziffern von 3^n allein einen periodischen oder einen aperiodischen Dezimalbruch ergibt.

Das Bauchgefühl spricht eher für eine Irrationalität dieser Zahl – was aber leider keinen Beweis ersetzt: Die Frage scheint immer noch offen zu sein.

Quadrate und Dreiecke im Viertelkreis

Easy As Sunday Mornig:

Einem Vierteleinheitskreis wurden zwei Quadrate eingeschrieben: Ein blaues mit zwei Seiten, die auf den Achsen liegen, und ein rotes, dessen Seiten unter 45° zu den Achsen stehen.

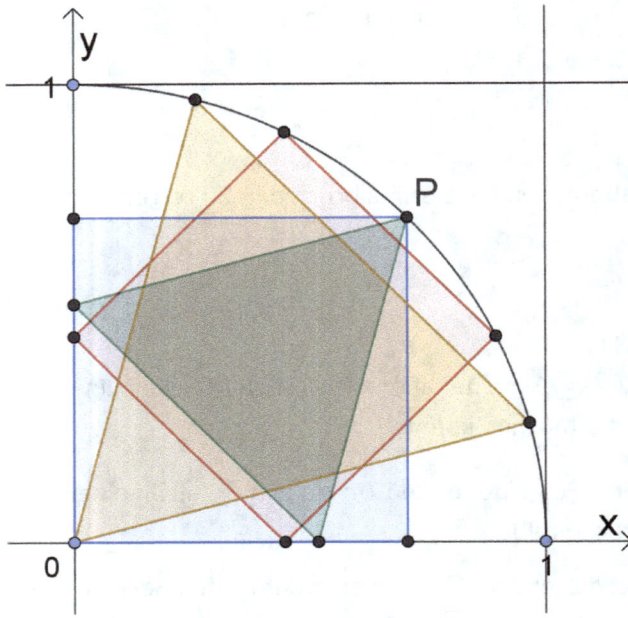

Wie kann das rote Quadrat konstruiert werden?

Wie man leicht zeigt, vor allem, wenn zuerst einmal die Strecke OP eingezeichnet wird, sind die Flächeninhalte der Quadrate in einem Fall gleich $\frac{1}{2}$ und im anderen Fall gleich $\frac{2}{5}$.

Dem Viertelkreis sind aber auch noch zwei gleichseitige Dreiecke eingeschrieben: Ein gelbes und ein grünes.

Unten ist auf dieser Seite noch viel Platz, um zu zeigen, dass der Flächeninhalt dieser beiden Dreiecke $\frac{\sqrt{3}}{4}$ respektive $\sqrt{3} - \frac{3}{2}$ ist.

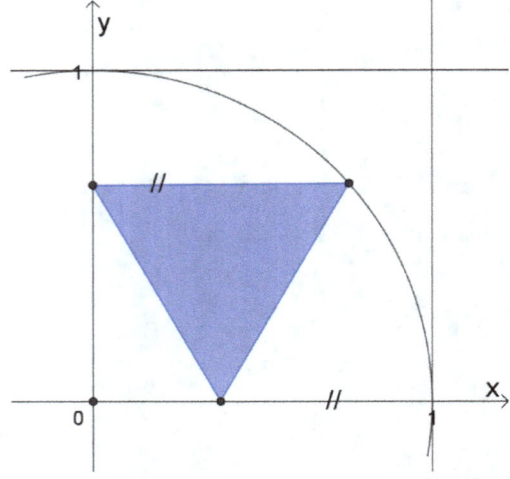

Uups! Da ist noch ein weiteres gleichseitiges Dreieck, das einem Einheitsviertelkreis eingeschrieben worden ist. Erstens: Wie konstruiert Mann/Frau das? Und zweitens: Wie gross ist sein Inhalt?

P.S.: Wer für den Inhalt auf $\frac{\sqrt{3}}{7}$ tippt, hat Recht!

Venus und Erde

Die grosse Halbachse der Umlaufellipse der Venus ist $108.207 \cdot 10^9$ m, diejenige der Erde $149.60 \cdot 10^9$ m. Die Umlaufszeit der Venus um die Sonne ist 224.7 d, diejenige der Erde 365.26 d. Die Bahnellipsen von Venus und Erde liegen angenähert in der gleichen Ebene.

Mit den obigen Angaben können Verbindungsstrecken zwischen der Venus und der Erde gerechnet und graphisch dargestellt werden. Dies wurde in der unten wiedergegebenen Grafik für ein Zeitintervall von 8 Jahren getan. Die Positionen von Venus und Erde wurden dabei für alle 3 Tage wieder neu berechnet. Die angegebenen Einheiten entsprechen Gigametern.

Die rot eingezeichneten Kreise geben die angenäherten Bahnen der Erde (äusserer Kreis) und der Venus wieder. Der gelbe Kreis im Zentrum stellt die Sonne dar, deren Radius von $0.696 \cdot 10^9$ m hier um einen Faktor 5 zu gross dargestellt worden ist.

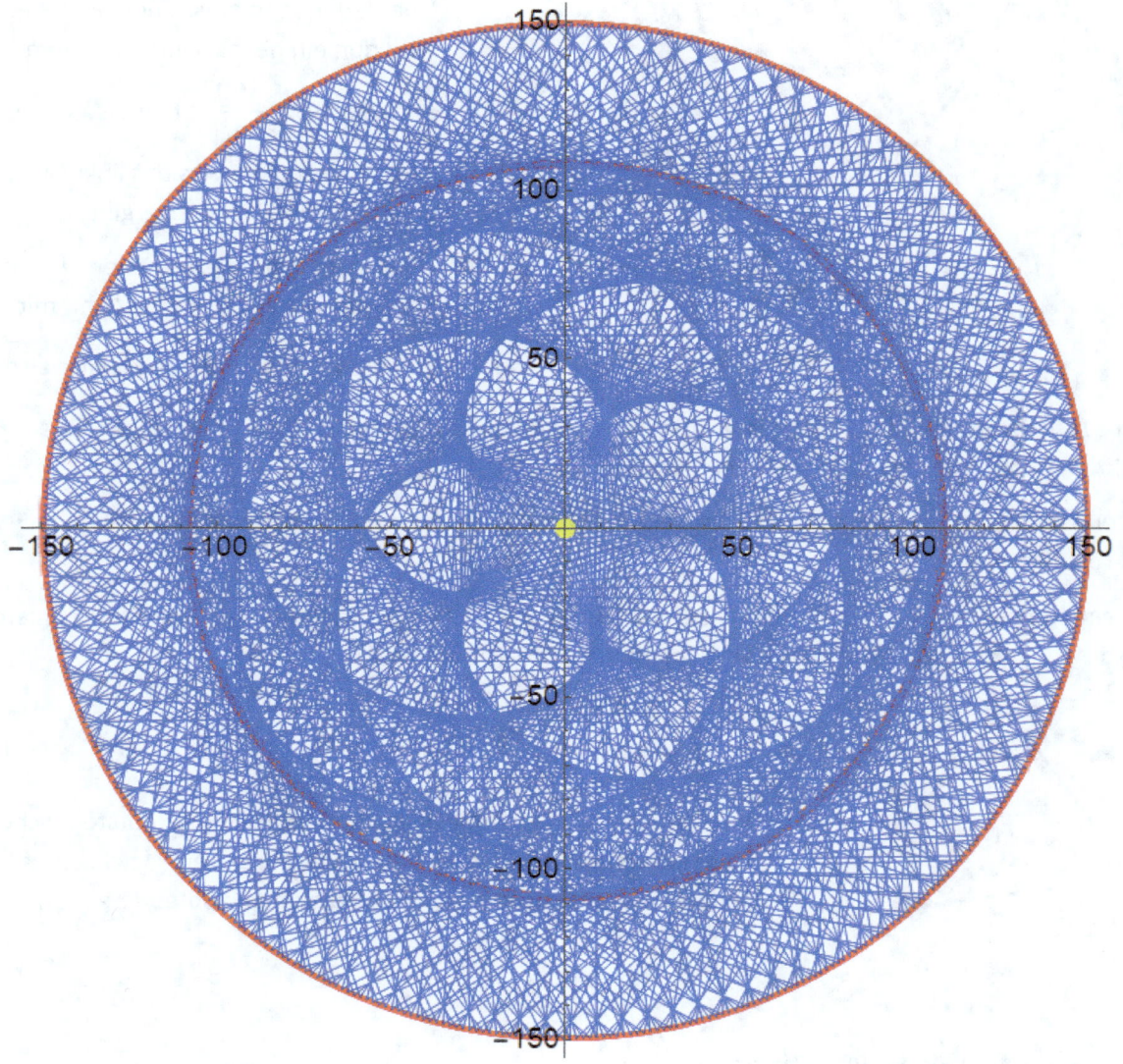

In 8 Jahren umrundet die Venus die Sonne etwa 13.004 mal. Das entstehende himmlische Muster ist atemberaubend!

Petr–Douglas–Neumann–Theorem

Dieses Theorem (PDN–Theorem) geht ursprünglich auf **Karel Petr** (14. Juni 1868 – 14. Februar 1950, tschechischer Mathematiker) zurück: Gegeben ist ein beliebiges n – Eck, z. B. das in der Figur unten **schwarz** eingezeichnete, punktierte Fünfeck.

$$schwarz \rightarrow grün \rightarrow blau \rightarrow rot$$

Jetzt wird über jeder der n Seiten ein 'Ohr' mit einem Winkel von $\dfrac{360°}{n}$ abgetragen. Hier ist dies also ein Winkel von 72°. Das ergibt ein neues, in der Figur **grün** eingezeichnetes n – Eck.

Über jeder Seite dieses neuen n – Ecks wird nun ein neues 'Ohr' mit einem Winkel von $2 \cdot \dfrac{360°}{n}$, hier also von 144°, abgetragen, was das links **blau** eingezeichnete n – Eck ergibt.

Über jeder Seite dieses neuen n – Ecks wird nun wieder ein neues 'Ohr' mit einem Winkel von $3 \cdot \dfrac{360°}{n}$, hier also

von 216°, abgetragen. Da 216° grösser als 180° ist, wird dieses 'Ohr' nach innen abgetragen. Das ergibt das oben **rot** eingezeichnete reguläre 5–Eck.

Bei einem 5–Eck muss dieses Verfahren 5 – 2 = 3 Mal durchgeführt werden, bis das entstehende 5–Eck **regulär** wird.

Bei einem beliebigen n – Eck muss dieses Verfahren $n - 2$ Mal durchgeführt werden, bis das entstehende n – Eck **regulär** wird! Das ist der Inhalt des PDN–Theorems.

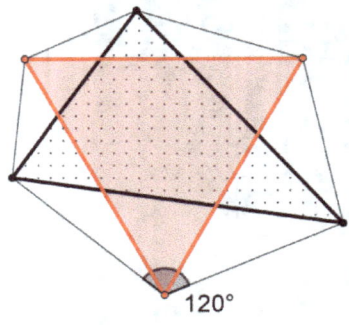

Bei einem beliebigen **Dreieck** als Anfangs – n – Eck entsteht schon nach der **ersten** Anwendung dieses Verfahrens ein **gleichseitiges** Dreieck. Dieser Spezialfall wird als **Satz von Napoleon** bezeichnet.

Sehr gute Seite über das PDN–Theorem:

https://en.wikipedia.org/wiki/Petr%E2%80%93Douglas%E2%80%93Neumann_theorem

Idee gefunden beim 'Mathologer': https://www.youtube.com/watch?v=WLAW5yz5O3E&t=567s

Mittlerer Abstand Punkt – Kreis

Wie gross ist der mittlere Abstand eines Punktes von allen Punkten eines Einheitskreises? Der Punkt habe vom Mittelpunkt des Kreises einen Abstand a.

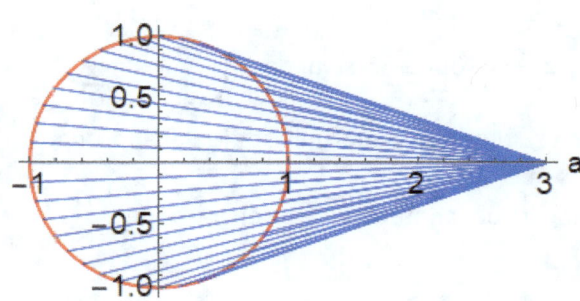

In der nebenstehenden Figur sind Kreispunkte mit einem Winkelabstand von jeweils 9° festgelegt worden, und der Abstand a wurde als 3 gewählt.

Die mittlere Länge dieser 40 Strecken ist $\bar{m}_{n=40;a=3} \approx 3.0839288503800812$. Interessant wäre natürlich eine **exakte** mittlere Länge all dieser Strecken.

Mit dem Kosinussatz lässt sich der Abstand $m(a,\varphi)$ allgemein berechnen:

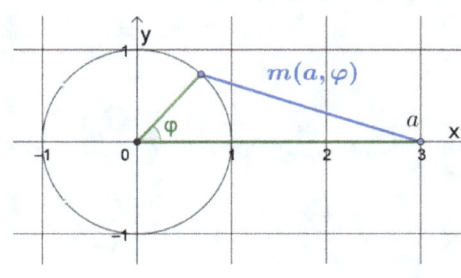

$$m(a,\varphi) = \sqrt{a^2 + 1^2 - 2a \cdot 1 \cdot \cos(\varphi)}.$$

Der exakte mittlere Abstand $\bar{m}(a)$ kann mit dem Integral

$$\bar{m}(a) = \frac{\displaystyle\int_0^{2\pi} m(a,\varphi)\,d\varphi}{\displaystyle\int_0^{2\pi} d\varphi}$$

berechnet werden. Dieses Integral ist nicht trivial und ergibt elliptische Funktionen:

$$\bar{m}(a) = \frac{\sqrt{(-1+a)^2}\,EllipticE\left[-\dfrac{4a}{(-1+a)^2}\right] + \sqrt{(1+a)^2}\,EllipticE\left[\dfrac{4a}{(1+a)^2}\right]}{\pi}.$$

Numerisch ergeben sich die folgenden Werte für $\bar{m}(a)$:

$$\begin{pmatrix} a: & -4. & -3. & -2. & -1. & 0. & 1. & 2. & 3. & 4. \\ \bar{m}(a): & 4.0627 & 3.0839 & 2.1271 & 1.2732 & 1.0000 & 1.2732 & 2.1271 & 3.0839 & 4.0627 \end{pmatrix}$$

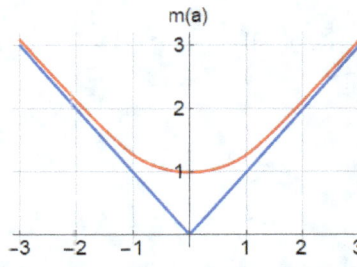

Erwartungsgemäss ist $\bar{m}(0) = 1$ und $\bar{m}(-a) \equiv \bar{m}(a)$. Für $a = \pm 1$ ist die obige Formel nicht definiert, ihr Grenzwert wird aber gleich

$$\lim_{a \to \pm 1} \bar{m}(a) = \frac{4}{\pi} \approx 1.2732.$$ Für $|a| \gg 1$ nähert sich $\bar{m}(a)$ der Zahl a von oben her an.

P.S.: Der oben numerisch berechnete Wert von $\bar{m}_{n=40;a=3}$ stimmt mit $\bar{m}(3)$ bereits in den ersten 16 Ziffern überein!

Mathemagie oder Zufall?

Wie man leicht nachrechnet, gilt:

$$\sqrt{1^3 + 2^3 + 3^3 + 4^3 + 5^3 + 6^3} = 1 + 2 + 3 + 4 + 5 + 6.$$

Ist das ein Zufall? Aber es gilt auch: $\sqrt{1^3 + 2^3 + 3^3} = 1 + 2 + 3$. Könnte es sein, dass $\sqrt{\sum_{k=1}^{n} k^3} = \sum_{k=1}^{n} k$

eine Identität ist? Das ist tatsächlich der Fall. Äquivalent zu dieser Behauptung ist die Behauptung,

dass $\sum_{k=1}^{n} k^3 \equiv \left(\sum_{k=1}^{n} k \right)^2$. Die rechte Seite dieser Gleichung ist bekanntermassen gleich $\left(\dfrac{n \cdot (n+1)}{2} \right)^2$,

also gleich $\dfrac{1}{4} n^2 \cdot (n+1)^2$, was ausmultipliziert gleich $\dfrac{1}{4} n^4 + \dfrac{1}{2} n^3 + \dfrac{1}{4} n^2$ ist. Das ist aber gerade

gleich der Faulhaber'schen Formel für $\sum_{k=1}^{n} k^3$. Die ganze Sache ist also weder Zufall noch Mathema-

gie, sondern einfach eine nette Tatsache.

Die Faulhaber'sche Formel $\sum_{k=1}^{n} k^3 = \dfrac{1}{4} n^4 + \dfrac{1}{2} n^3 + \dfrac{1}{4} n^2$ müsste natürlich noch bewiesen werden. Das

kann mit einer vollständigen Induktion getan werden:

Induktionsvoraussetzung:

$\sum_{k=1}^{n} k^3 = \dfrac{1}{4} n^4 + \dfrac{1}{2} n^3 + \dfrac{1}{4} n^2$ stimmt für $n = 1$, denn $\sum_{k=1}^{1} k^3 = \dfrac{1}{4} 1^4 + \dfrac{1}{2} 1^3 + \dfrac{1}{4} 1^2$ ist eine wahre Aussa-

ge.

Induktionsschluss:

Wir nehmen an, dass $\sum_{k=1}^{m} k^3 = \dfrac{1}{4} m^4 + \dfrac{1}{2} m^3 + \dfrac{1}{4} m^2$ für ein gewisses m eine wahre Aussage sei. Nun

ist zu zeigen, dass daraus $\left(\sum_{k=1}^{m} k^3 \right) + (m+1)^3 = \dfrac{1}{4}(m+1)^4 + \dfrac{1}{2}(m+1)^3 + \dfrac{1}{4}(m+1)^2$ folgt.

$$LHS = \underbrace{\dfrac{1}{4} m^4 + \dfrac{1}{2} m^3 + \dfrac{1}{4} m^2}_{= \sum_{k=1}^{m} k^3} + (m+1)^3 \quad \text{und} \quad RHS = \dfrac{1}{4}(m+1)^4 + \dfrac{1}{2}(m+1)^3 + \dfrac{1}{4}(m+1)^2$$

LHS und *RHS* ergeben ausmultipliziert tatsächlich das gleiche: QED.

Dreiecke auf dem Schachbrett

Auf einem verallgemeinerten quadratischen Schachbrett, das N x N Felder aufweist, werden zufällig drei Felder ausgewählt und die Mittelpunkte dieser drei Felder zu einem Dreieck ergänzt. Dabei entstehen spitzwinklige, rechtwinklige oder stumpfwinklige Dreiecke. Wie gross sind die Wahrscheinlichkeiten, dass ein spitzwinkliges, rechtwinkliges respektive stumpfwinkliges Dreieck entsteht? Dreiecke ohne Flächeninhalt werden dabei als stumpfwinklig angesehen.

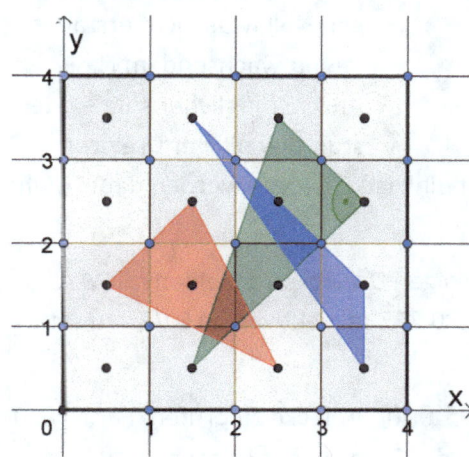

In der nebenstehenden Figur sind drei solche Dreiecke in einem 4 x 4–Schachbrett eingezeichnet worden. Total sind für N = 4 bereits $\binom{16}{3} = 560$ Dreiecke möglich.

Um die oben gefragten Wahrscheinlichkeiten zu berechnen, müssen alle Möglichkeiten, solche Dreiecke zu finden, analysiert werden. Insgesamt sind allgemein A = $\binom{N^2}{3}$ Dreiecke möglich. Jetzt werden in jedem der möglichen Dreiecke die Quadrate der Seitenlängen a, b und c berechnet.

Gemäss dem Kosinussatz gilt dann das Folgende: Das betrachtete Dreieck ist spitzwinklig, wenn

$$a^2 + b^2 - c^2 > 0 \;\&\&\; b^2 + c^2 - a^2 > 0 \;\&\&\; c^2 + a^2 - b^2 > 0.$$

Ist dies nicht der Fall, aber $a^2 + b^2 - c^2 = 0 \;||\; b^2 + c^2 - a^2 = 0 \;||\; c^2 + a^2 - b^2 = 0$, dann ist das Dreieck rechtwinklig ("&&" steht für ein logisches "UND", und "||" für ein logische "ODER"). In allen anderen Fällen ist das Dreieck stumpfwinklig.

N:	A:	Spitz:	Recht:	Stumpf:	Hsp:	Hre:	Hst:
2	4	0	4	0	0.	1.	0.
3	84	8	44	32	0.0952381	0.52381	0.380952
4	560	80	200	280	0.142857	0.357143	0.5
5	2300	404	596	1300	0.175652	0.25913	0.565217
6	7140	1392	1444	4304	0.194958	0.202241	0.602801
7	18424	3880	2960	11584	0.210595	0.16066	0.628745
8	41664	9208	5520	26936	0.221006	0.132488	0.646505
9	35320	19536	9496	56288	0.228973	0.111299	0.659728
10	161700	38096	15332	108272	0.235597	0.0948176	0.669586
11	287980	69288	23596	195096	0.2406	0.0819362	0.677464
12	487344	119224	34936	333184	0.24464	0.0716865	0.683673
13	790244	196036	50020	544188	0.24807	0.0632969	0.688633
14	1235760	310008	69732	856040	0.25086	0.0564275	0.692712
15	1373200	474336	94816	1304048	0.253222	0.0506171	0.696161
16	2763520	705328	126176	1932016	0.255228	0.0456577	0.699114
17	3981264	1023216	164960	2793088	0.257008	0.0414341	0.701558
18	5616324	1451904	212372	3952048	0.258515	0.0378133	0.703672
19	7775940	2020232	269620	5486088	0.259806	0.0346736	0.705521
20	10586800	2762848	337960	7485992	0.260971	0.0319228	0.707106
21	14197260	3719420	418716	10059124	0.261982	0.0294927	0.708526
22	18779684	4937200	513444	13329040	0.262901	0.0273404	0.709758
23	24532904	6469424	623736	17439744	0.263704	0.0254245	0.710872
24	31584800	8378184	751152	22555464	0.264423	0.023707	0.71187
25	40495000	10734664	897776	28862560	0.265086	0.02217	0.712744

Mit einem entsprechenden Programm können diese Zahlen aufsummiert werden. Die Resultate sind für N von 2 bis 25 in der folgenden Tabelle wiedergegeben. Dabei ist 'N' gleich der Anzahl Felder in einer Spalte respektive Zeile des verallgemeinerten quadratischen Schachbretts. 'A' ist gleich der Anzahl der möglichen Dreiecke in diesem Brett, 'Spitz' ist gleich der Anzahl der spitzwinkligen, 'Recht' gleich der Anzahl der rechtwinkligen und 'Stumpf' gleich der Anzahl der stumpfwinkligen Dreiecke unter allen diesen A Dreiecken.

'Hsp' ist die relative Häufigkeit eines spitzwinkligen, 'Hre' die eines rechtwinkligen und 'Hst' die eines stumpfwinkligen Dreiecks.

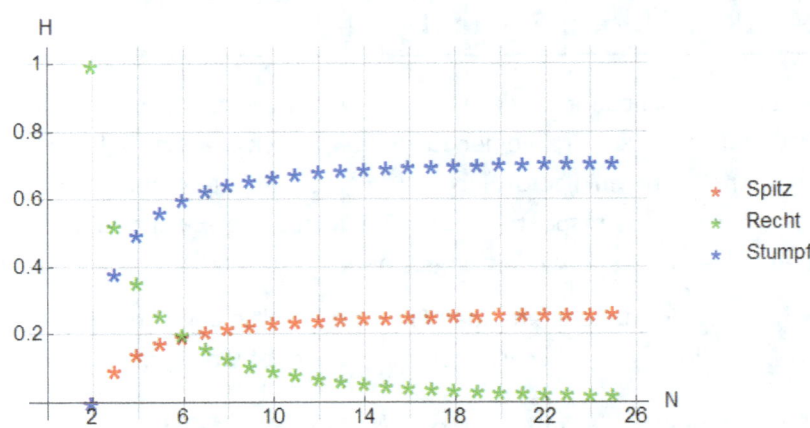

In der nebenstehenden Grafik sind diese Häufigkeiten H in Abhängigkeit von N wiedergegeben.

Die relative Häufigkeit von rechtwinkligen Dreiecken geht mit wachsendem N gegen Null, was nicht erstaunt, da mit wachsendem N die Anzahl möglicher spitz– oder stumpfwinkliger Dreiecke –

dank der vielfältigeren weiteren Möglichkeiten – ansteigt; rechtwinklige Dreiecke werden dabei mehr und mehr zu seltenen Exoten!

Die relativen Häufigkeiten von spitz– respektive von stumpfwinkligen Dreiecken scheinen mit wachsendem N beide gegen Grenzwerte irgendwo in der Gegend von 0.275 respektive von 0.725 zu streben.

Für N = 20 waren A = 10'586'800, für N = 25 waren A = 40'495'000 Dreiecke zu prüfen. Für N = 30 wären dies A = 121'095'300 Dreiecke! Diese Anzahl übersteigt die Grenzen der Rechen– und Speicherkapazität (m)eines einfachen PC's, und auch die Rechenzeiten steigen mit N stark an: Schon für die vorliegende Berechnung mit *Mathematica* war bereits eine knappe Stunde an Computerzeit nötig.

Auf einem Brett mit N = 1000, also mit einer Million Felder, sind total 166'167'000 Dreiecke möglich. Bei einer **Simulation** mit Zufallskoordinaten von 1'000'000 Dreiecken auf diesem Brett ergaben sich ebenfalls die oben vermuteten (Grenz–) Werte für die relativen Häufigkeiten. Zehnmalige Ausführung einer solchen Simulation ergab für die relativen Häufigkeiten Hsp, Hre und Hst die folgenden mittleren Werte, jeweils mit den Standardabweichungen:

$$\{0.27489, 0.00003, 0.72508\} \pm \{0.00045, 0.00001, 0.00046\}.$$

Dieses Problem ist nicht neu und wurde schon vielfach bearbeitet. So findet sich die Folge spitz(N) der Anzahl spitzwinkliger Dreiecke auf einem N x N –Brett in der Online Encyclopedia of Integer Sequences (OEIS) als Folge mit der Nummer A190019, und die Folge recht(N) der Anzahl rechtwinkliger Dreiecke in der OEIS unter der Nummer A077435.

Die Vermutung, dass die relativen Häufigkeiten gegen einen Grenzwert streben, erweist sich als richtig (s. Literatur): Die Folge der relativen Häufigkeit von spitzwinkligen Dreiecken strebt für N → ∞ gegen den Wert $\frac{53}{150} - \frac{\pi}{40} \approx 0.274793517$, während die relative Häufigkeit von stumpfwinkligen Dreiecken gegen den Wert $\frac{97}{150} + \frac{\pi}{40} \approx 0.725206483$ strebt, beides in bester Übereinstimmung mit den oben angegebenen Vermutungen.

Die in der Literatur (s. unten) angegebenen Beweise sind allerdings aufwendig und setzen eingehende Kenntnisse der höheren Mathematik voraus, so dass sich dieses Problem wohl vor allem als Herausforderung für die Erstellung effizienter Computerprogramme eignen dürfte.

Weitergehende Fragen beziehen sich z. B. auf die Häufigkeit spitz– respektive stumpfwinkliger Dreiecke in einem Kreis, in einer Kugel oder in einem Würfel.

Literatur:

1. Hauptartikel:

A problem in geometric probability; Eric Langford, Mathematics Magazine, Nov-Dec, 1970, 237-244; https://www.jstor.org/stable/2688737.

2. Kurzfassung von 1.:

The probability that a random triangle is obtuse; Eric Langford, *Biometrika*, Volume 56, Issue 3, December 1969, Pages 689–690, https://doi.org/10.1093/biomet/56.3.689, published: 01 December 1969.

3. Nette Erklärungen zum Hauptartikel 1.:

https://math.stackexchange.com/questions/126719/whats-the-probability-that-three-points-determine-an-acute-triangle; @joriki: https://math.stackexchange.com/users/6622/joriki.

Kleinstes gleichseitiges Dreieck im 345–Dreieck

Einem rechtwinkligen Dreieck mit Seiten 3, 4 und 5 soll das kleinstmögliche gleichseitige Dreieck eingeschrieben werden, dessen Ecken auf je auf den Seiten dieses rechtwinkligen Dreiecks liegen.

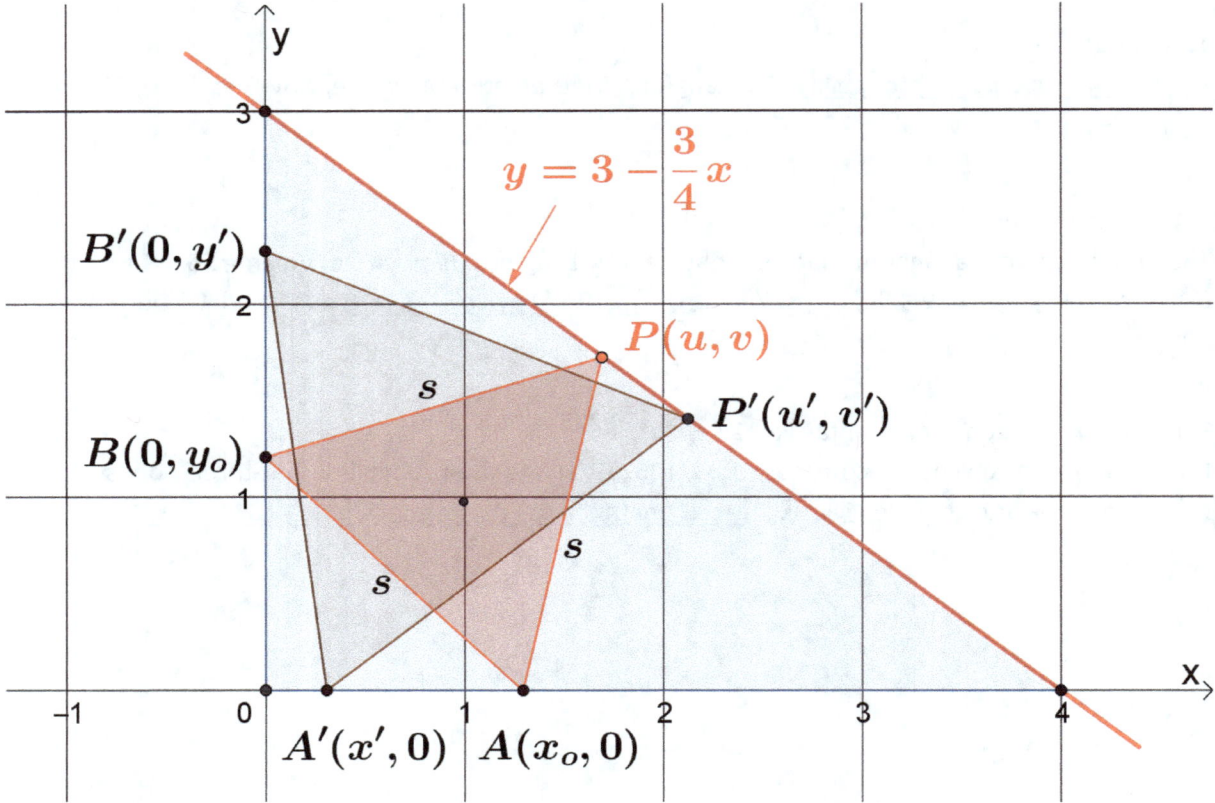

Ein kartesisches Koordinatensystem wird so festgelegt, dass der Ursprung mit der Ecke beim rechten Winkel zusammenfällt und die Katheten auf der $x-$ resp. auf der $y-$Achse zu liegen kommen, wie dies in der oben wiedergegebenen Figur eingezeichnet ist. Nun wird ein Punkt $A(x_o, 0)$ auf der $x-$

Achse im Bereich von $0 < x_o < \frac{8}{13} \cdot (4 \cdot \sqrt{3} - 3) \approx 2.41735$ gewählt: Für zu grosse Werte von x_o kann kein gleichseitiges Dreieck mehr eingeschrieben werden.

Mit $P(u, v)$ wird der Punkt des gleichseitigen Dreiecks auf der Hypotenuse bezeichnet, mit s die Dreiecksseite des gleichseitigen Dreiecks und mit sq das Quadrat dieser Seite. Dabei gibt es grössere und kleinere solche Dreiecke. Das rot eingezeichnete ist gerade das gesuchte Dreieck mit dem kleinsten Inhalt; das gleichseitige Dreieck $A'(x',0)\ B'(0,y')\ P'(u',v')$ ist ein offensichtlich grösseres eingeschriebenes gleichseitiges Dreieck.

Für jede zulässige Wahl von x_o ergeben sich die Werte von y_o, u, v, sq aus dem folgenden Gleichungssystem als Funktion von x_o:

$$\left| x_o^2 + y_o^2 = sq \ \&\& \ (x_0 - u)^2 + v^2 = sq \ \&\& \ u^2 + (v - y_o)^2 = sq \ \&\& \ v = 3 - \frac{3}{4}u \right|.$$

Dabei ergeben sich zwei nichtreelle Lösungen und eine, bei der x_o negativ und eine, bei der x_o positiv wird.

Wir wählen diese vierte Lösung.

Der Flächeneinhalt A all dieser Dreiecke ist eine umständliche Funktion von x_o : $A = A(x_o)$. Die

Gleichung $\dfrac{dA(x_o)}{x_o} = 0$ ergibt dagegen das folgende, erstaunlich einfache Resultat:

$$x_o = \frac{384\sqrt{3} - 414}{193} \approx 1.30108 \text{, und daraus } y_o = \frac{162 \cdot \sqrt{3} - 48}{193} \approx 1.20514.$$

Die Koordinaten von P sind Funktionen von Wurzeltermen in x_o mit den Werten

$$u = \frac{36 + 168\sqrt{3}}{193} \approx 1.69422 \text{ und } v = \frac{552 - 126 \cdot \sqrt{3}}{193} \approx 1.72933.$$ Der minimale Flächeninhalt wird

mit diesem speziellen Wert von x_o

$$A\left(x_o = \frac{384\sqrt{3} - 414}{193}\right) = A_{\min} = \frac{900\sqrt{3} - 1296}{193} \approx 1.36189.$$

Dieses minimale Dreieck könnte sogar mit Zirkel und Lineal konstruiert werden, da sowohl

$x_o = \dfrac{384\sqrt{3} - 414}{193}$ als auch $y_o = \dfrac{162 \cdot \sqrt{3} - 48}{193}$ im Prinzip mit Zirkel und Lineal und der gegebenen

Einheitsstrecke konstruiert werden könnten, allerdings mit einem eher grösseren Aufwand. Dazu müssten diese exakten Werte aber aus einer algebraischen Betrachtung heraus bekannt sein. Ohne diese hier vorliegende Berechnung scheint eine Konstruktion aber nicht möglich zu sein.

Rechtwinklige Tangenten an eine Ellipse

Beh.: Zwei Tangenten an eine Ellipse mit der Gleichung $\dfrac{x^2}{a^2}+\dfrac{y^2}{b^2}=1$ stehen genau dann senkrecht aufeinander, wenn ihr Schnittpunkt auf dem Kreis um den Ursprung mit dem Radius $r=\sqrt{a^2+b^2}$ liegt.

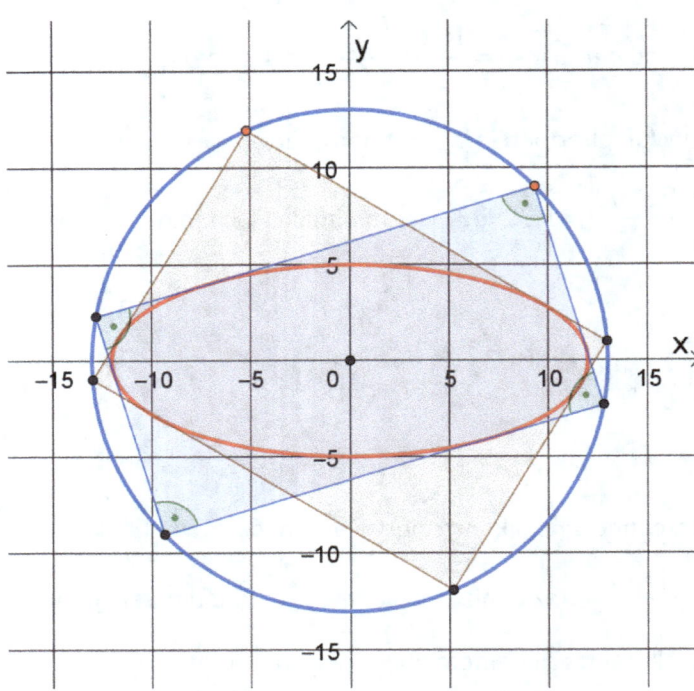

Dies ist in der nebenstehenden Figur für die Werte $a=12$, $b=5$ und $r=\sqrt{12^2+5^2}=13$ an zwei Beispielen dargestellt.

Bew. 1 "$\Rightarrow$":

Der Schnittpunkt von zwei Tangenten liege auf dem besagten Kreis. Zu zeigen: Dann stehen diese beiden Tangenten senkrecht aufeinander.

Durch den Punkt $P(x_o, y_o)$ mit $y_o=\sqrt{a^2+b^2-x_o^2}$, der auf besagtem Kreis liegt, wird eine Gerade mit der Steigung m gelegt. Diese hat die Gleichung $y(x)=m\cdot(x-x_o)+\sqrt{a^2+b^2-x_o^2}$. Diese Gerade schneidet die Ellipse im Allgemeinen in zwei Punkten mit den $x-$Koordinaten x_1 und x_2. Setzt man $x_1=x_2$, wird diese Gerade zur Tangente. Wird diese Gleichung $x_1=x_2$ nach der Steigung m aufgelöst, ergeben sich zwei Lösungen:

$$m_{1,2}=\dfrac{-\sqrt{a^2x_o^2+b^2x_o^2-x_o^4}\pm\sqrt{a^4-a^2x_o^2+b^2x_o^2}}{a^2-x_o^2}.$$ Das Produkt $m_1\cdot m_2$ wird tatsächlich gleich -1.

Die beiden möglichen Tangenten stehen demnach senkrecht aufeinander.

Daraus folgt:

Zwei Tangenten an die Ellipse mit der Gleichung $\dfrac{x^2}{a^2}+\dfrac{y^2}{b^2}=1$, deren Schnittpunkt auf dem Ursprungskreis mit dem Radius $r=\sqrt{a^2+b^2}$ liegt, stehen senkrecht aufeinander.

Bew. 2 "⇐":

Zwei Tangenten sollen senkrecht aufeinander stehen. Zu zeigen: Dann liegt ihr Schnittpunkt auf besagtem Kreis.

Die Tangente in einem beliebigen Ellipsenpunkt $Q(x_o, y_o)$ mit $y_o = \dfrac{b \cdot \sqrt{a^2 - x_o^2}}{a}$ hat die Gleichung

$$t_1 : y(x) = \frac{ab}{\sqrt{a^2 - x_o^2}} - x \cdot \frac{b \cdot x_o}{a \cdot \sqrt{a^2 - x_o^2}} \text{ mit der Steigung } m_1 = -\frac{b \cdot x_o}{a \cdot \sqrt{a^2 - x_o^2}} \text{. Eine dazu senkrechte}$$

Gerade hat die Steigung $m_2 = \dfrac{a \cdot \sqrt{a^2 - x_o^2}}{b \cdot x_o}$. Die Gerade $y(x) = x \cdot \dfrac{a \cdot \sqrt{a^2 - x_o^2}}{b \cdot x_o} + q$ schneidet die

Ellipse im Allgemeinen in zwei Punkten mit den $x -$ Koordinaten x_1 und x_2. Diese Koordinaten fallen zusammen, wenn diese Gerade ebenfalls eine Tangente ist. Das ergibt die Lösungen

$$q_{1,2} = \frac{\pm\sqrt{a^6 - a^4 x_o^2 + b^4 x_o^2}}{b \cdot x_o}.$$ Ohne Einschränkung der Allgemeinheit wählen wir q_1 mit dem '+' vor

der Wurzel. Die Tangente $t_2 : y(x) := x \cdot \dfrac{a \cdot \sqrt{a^2 - x_o^2}}{b \cdot x_o} + \dfrac{\sqrt{a^6 - a^4 x_o^2 + b^4 x_o^2}}{b \cdot x_o}$ wird nun mit der Tangente t_1 geschnitten. Der Schnittpunkt hat die $x -$ Koordinate

$$x_s = \frac{a\left(ab^2 x_o - \sqrt{a^2 - x_o^2} \cdot \sqrt{a^6 - a^4 x_o^2 + b^4 x_o^2}\right)}{a^4 - a^2 x_o^2 + b^2 x_o^2}.$$

Dieses x_s kann nun in die Gleichung von t_1 oder t_2 eingesetzt werden, was

$$y_s = \frac{\sqrt{a^6 - a^4 x0^2 + b^4 x0^2}}{b \cdot x_o} + \frac{a^2 \sqrt{a^2 - x_o^2}\left(ab^2 x_o - \sqrt{a^2 - x_o^2}\sqrt{a^6 - a^4 x_o^2 + b^4 x_o^2}\right)}{b \cdot x_o \left(a^4 - a^2 x_o^2 + b^2 x_o^2\right)}$$

ergibt. Man glaubt es kaum: $x_s^2 + y_s^2$ ergibt vereinfacht tatsächlich $a^2 + b^2$!

Daraus folgt:

Zwei zueinander senkrechte Tangenten der Ellipse $\dfrac{x^2}{a^2} + \dfrac{y^2}{b^2} = 1$ schneiden sich auf einem Kreis um

den Ursprung mit dem Radius $r = \sqrt{a^2 + b^2}$.

Konstruktion des Bruchteils einer Wurzel

Bei der Lösung verschiedenster geometrischer Aufgaben wird die Konstruktion einer Länge benötigt, die gleich einem Bruchteil der Länge einer Wurzel aus einer Nicht–Quadratzahl ist: Siehe z. B. S. 60!. Die Einheitslänge gilt dabei natürlich als gegeben.

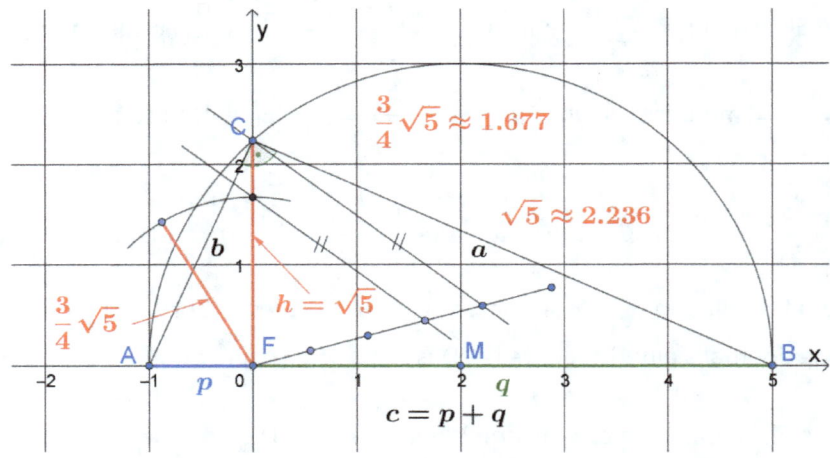

Als Beispiel wird hier die Konstruktion einer Strecke mit der Länge $\frac{3}{4}\sqrt{5}$ vorgeführt:

Dazu wird vorzugsweise der Höhensatz (oder der Kathetensatz) von Euklid verwendet. Der Höhensatz besagt, dass in einem rechtwinkligen Dreieck das Produkt der Hypotenusenabschnitte gleich dem Quadrat der Höhe ist:

$$pq = h^2 \Rightarrow h = \sqrt{pq}.$$

Die Strecke p wird gleich der Einheit gewählt, und die Strecke q gleich dem Radikanden. Die Wurzel aus dem Radikanden ist dann gleich der Höhe im zugehörigen rechtwinkligen Dreieck. Mit Hilfe des Dritten Strahlensatzes wird weiter der Bruchteil $\frac{u}{v}\sqrt{p}$ gefunden, konkret hier $\frac{3}{4}\sqrt{5}$.

Ein Beweis des Höhensatzes:

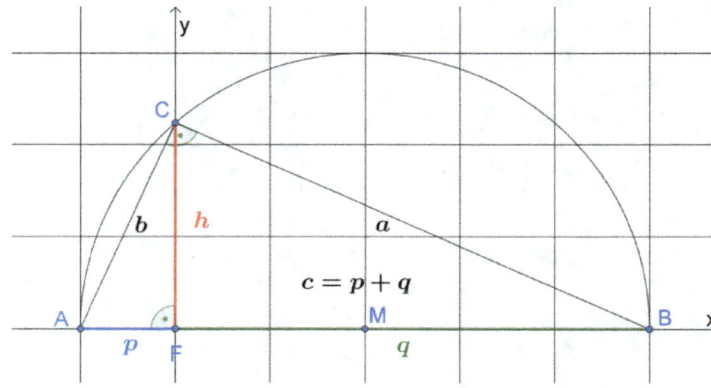

Für das Höhenquadrat gilt nach Pythagoras sowohl $h^2 = b^2 - p^2$ (ΔAFC) als auch $h^2 = a^2 - q^2$ (ΔCFB). Darum sind $2h^2 = \underbrace{a^2 + b^2}_{=c^2=(p+q)^2} - p^2 - q^2$. Nochmalige Verwendung des Satzes von Pythagoras ergibt nach Vereinfachung $2h^2 = 2pq$, oder eben $h = \sqrt{pq}$.

Der Kathetensatz $b^2 = pc$ und $a^2 = qc$ kann nun sofort und leicht bewiesen werden:

$$b^2 = \underset{\substack{\text{Höhensatz!}}}{p^2 + h^2} = p^2 + pq = p(p+q) = pc \text{, und entsprechend für } a^2.$$

Quadratische Bezier–Kurve

Bei einer quadratischen Bezier–Kurve sind ein Anfangspunkt, ein Endpunkt und ein Steuerungspunkt gegeben. In der untenstehenden Figur ist der Anfangspunkt der Bezier-Kurve der Punkt $P_A = (1,1)$, der Endpunkt der Punkt $P_E = (6,2)$ und der Steuerungspunkt der Punkt $P_S = (2,5)$.

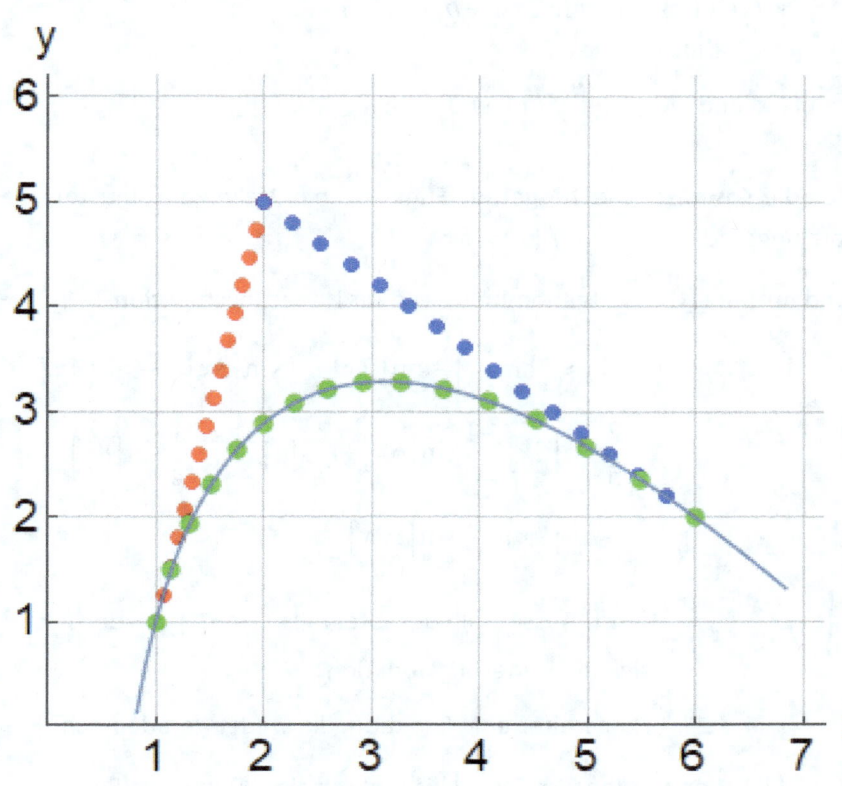

Die roten Punkte liegen auf der Strecke $P_A P_S$ und sind allgemein gegeben durch

$$\vec{p}_{rot} = \vec{p}_A + t \cdot (\vec{p}_S - \vec{p}_A).$$

Die blauen Punkte liegen auf der Strecke $P_S P_E$; sie sind allgemein gegeben durch

$$\vec{p}_{blau} = \vec{p}_S + t \cdot (\vec{p}_A - \vec{p}_S).$$

Die Punkte der Bezier–Kurve ergeben sich dann als

$$\vec{p}_B = \vec{p}_{rot} + t \cdot (\vec{p}_{blau} - \vec{p}_{rot})$$

Der Parameter t läuft von 0 bis 1. In der obigen Figur wurde für t ein Intervall von $\Delta t = \dfrac{1}{15}$ gewählt, wodurch von jeder Farbe je 16 Punkte gezeichnet werden.

Die Bezier – Kurve ist eine quadratische Parabel. Im Beispiel ist dies die Parabel mit

$$x(t) = \mathrm{Re}\left[(1+i) + (2+8i)t + (3-7i)t^2 \right] = 1 + 2t + 3t^2$$

$$y(t) = \mathrm{Im}\left[(1+i) + (2+8i)t + (3-7i)t^2 \right] = 1 + 8t - 7t^2$$

Diese Parabel hat die Gleichung $y(x) = -\dfrac{8}{9} - \dfrac{7x}{3} + \dfrac{38}{9}\sqrt{-2+3x}$.

Fourier – Reihen

Ist eine Funktion $f(x)$ auf einem Intervall $[-\pi, \pi]$ definiert, dann ist

$$f(x) = \frac{1}{2}a_o + a_1\cos(x) + a_2\cos(2x) + a_3\cos(3x) + \dots$$
$$+ b_1\sin(x) + b_2\sin(2x) + b_3\sin(3x) + \dots$$

Dabei ist $a_k = \dfrac{1}{\pi}\displaystyle\int_{-\pi}^{\pi} f(x)\cdot\cos(k\cdot x)\,dx$ und $b_k = \dfrac{1}{\pi}\displaystyle\int_{-\pi}^{\pi} f(x)\cdot\sin(k\cdot x)\,dx$.

Für ungerade Funktionen entfallen die Kosinusterme, für gerade Funktionen entfallen die Sinusterme. Als Beispiel betrachten wir die ungerade Funktion $f(x) = x$:

Hier wurden nur die Terme bis und mit $\sin(10x)$ mitgenommen, was zur Näherungsfunktion

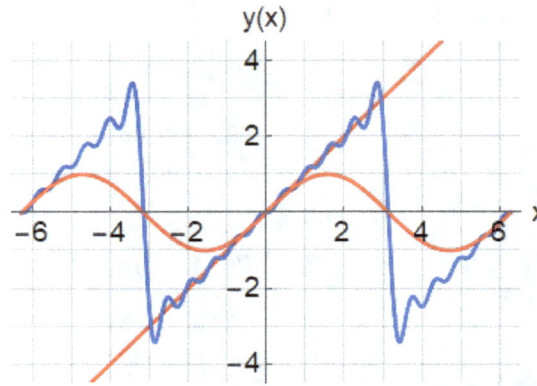

$$f(x) \approx 2\sin[x] - \sin[2x] + \frac{2}{3}\sin[3x] - \frac{1}{2}\sin[4x]$$
$$+ \frac{2}{5}\sin[5x] - \frac{1}{3}\sin[6x] + \frac{2}{7}\sin[7x] - \frac{1}{4}\sin[8x]$$
$$+ \frac{2}{9}\sin[9x] - \frac{1}{5}\sin[10x]$$

führt. Ausserhalb des Intervalls $[-\pi, \pi]$ wiederholt sich die Näherungsfunktion.

Hier weiter eine Funktion, die weder gerade noch ungerade ist: $f(x) = \sin(x)\cdot\dfrac{2}{5}(x-1)^2$. Hier wurden nur Terme bis und mit $\sin(5x)$ und $\cos(5x)$ mitgenommen. Dennoch ergibt sich im Intervall $[-\pi, \pi]$ bereits eine gute Annäherung.

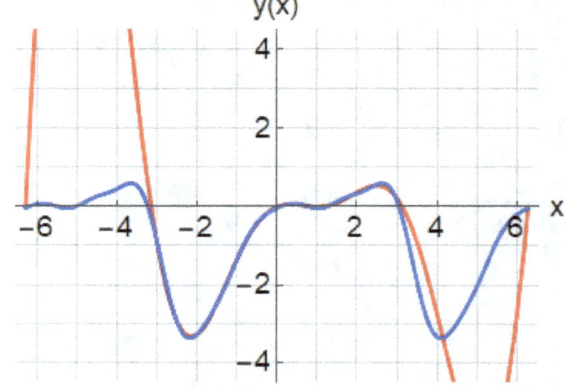

Die Näherung ist hier

$$f(x) \approx -\frac{4}{5} + \frac{2\cos[x]}{5} + \frac{8}{15}\cos[2x]$$
$$-\frac{1}{5}\cos[3x] + \frac{8}{75}\cos[4x] - \frac{1}{15}\cos[5x]$$
$$+\frac{1}{15}(3 + 2\pi^2)\sin[x] - \frac{32}{45}\sin[2x]$$
$$+\frac{3}{20}\sin[3x] - \frac{64\sin[4x]}{1125} + \frac{1}{36}\sin[5x]$$

Ist die Funktion $f(x)$ eine Summe von Sinus– und Kosinus–Funktionen, so wird sie durch die Fourierreihe exakt reproduziert.

Wie funktioniert eine Rechenscheibe?

Eine Rechenscheibe besteht im Wesentlichen aus zwei gegeneinander drehbar angeordneten konzentrischen Kreisen, auf denen die Zahlen aus $[1,10[$ in einer 'logarithmischen Weise' angeordnet sind. Die 'logarithmische Anordnung' besteht darin, dass der Winkel zwischen einer Zahl x und der Anfangs–Markierung "1" gleich dem Winkel $\varphi(x) = \lg(x) \cdot 360°$ gewählt wird. Darum ist z. B. der Winkel λ in der unten stehenden Grafik gleich $\varphi(2) = \lg(2) \cdot 360° \approx 0.30103 \cdot 360° \approx 108.371°$.

Der Winkel **zwischen** zwei Zahlen u und v wird dann gleich $\varphi(v) - \varphi(u) = (\lg(v) - \lg(u)) \cdot 360°$, also z. B. für $v = 3$ und $u = 2$:

$$\mu = \varphi(3) - \varphi(2) = (\lg(3) - \lg(2)) \cdot 360° \approx 63.393°.$$

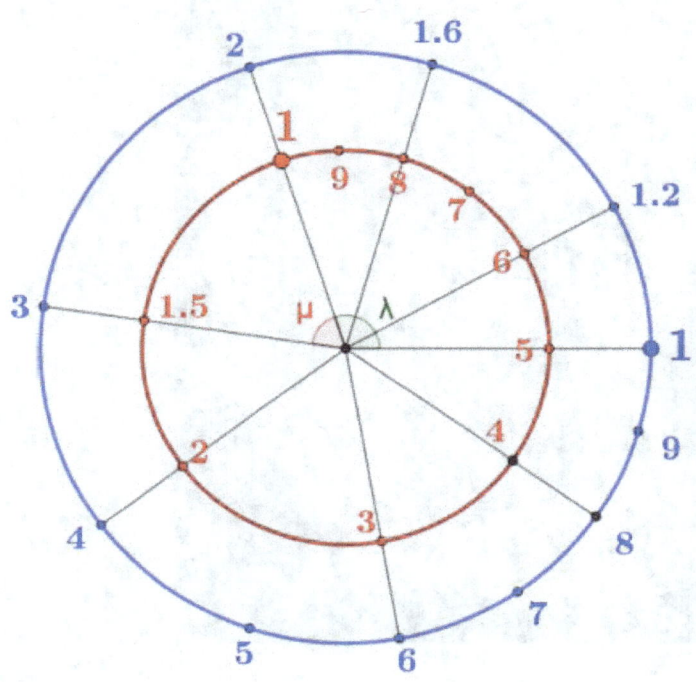

Mit einer solchen Rechenscheibe können nun **Multiplikationen** durchgeführt werden. Dazu wird die Markierung "1" der inneren Scheibe zur Übereinstimmung mit dem ersten Faktor auf der äusseren Scheibe gebracht. Dann wird der zweite Faktor auf der inneren Scheibe gesucht, und auf der äusseren Scheibe kann dann das zugehörige Produkt abgelesen werden. In der oben wiedergegebenen Scheibe ist eine Multiplikation mit 2 eingestellt: Damit kann leicht abgelesen werden, dass z. B. $2 \cdot 3 = 6$ oder $2 \cdot 4 = 8$ ist. Dies funktioniert, weil $\lg(a \cdot b) = \lg(a) + \lg(b)$ gilt: Es werden Winkel addiert, die je proportional zu den Zehnerlogarithmen der beiden Faktoren sind! Mit einer genügend feinen Unterteilung können so Produkte auf etwa 3 Dezimalen genau gefunden werden.

Weiter kann oben abgelesen werden, dass $2 \cdot 6 = 1.2$ und $2 \cdot 8 = 1.6$ ergibt. Uups?!

Die Rechenscheibe gibt nur die **Mantisse** des Produkts an. Dies ist immer eine Zahl im Intervall $[1,10[$. Die zugehörige Zehnerpotenz 10^n muss im Kopf oder mit Papier und Bleistift separat berechnet werden. Die obige Einstellung gilt also auch beispielsweise für das Produkt $0.02 \cdot 30$, was $6 \cdot 10^{-1} = 0.6$ ergibt.

Die gleiche obige Einstellung der Scheibe passt auch für **Divisionen**: Darum kann oben z. B. abgelesen werden, dass $6 : 3$ ebenso gleich 2 ist wie der Quotient $3 : 1.5$ oder $1 : 5$, wobei im letzten Fall die Zehnerpotenz wieder angepasst werden muss. Das Vorgehen für die nötige Einstellung ist offensichtlich.

Der Vorteil der Rechenscheibe gegenüber einem Rechenschieber besteht darin, dass bei einem Rechenschieber bei Produkten wie z. B. $2 \cdot 8$ die schiebbare Zunge 'durchgeschoben' werden muss, was bei einer Scheibe nie nötig ist.

Die untenstehende Fotographie zeigt eine Rechenscheibe, die von der Firma LOGA Calculator AG produziert worden war. Ihr Inhaber war Daeman Schmid (1865 – 1934), der dafür im Jahr 1900 eine Werkstatt in Zürich errichtet hatte; diese wurde im Jahr 1911 nach Uster verlegt.

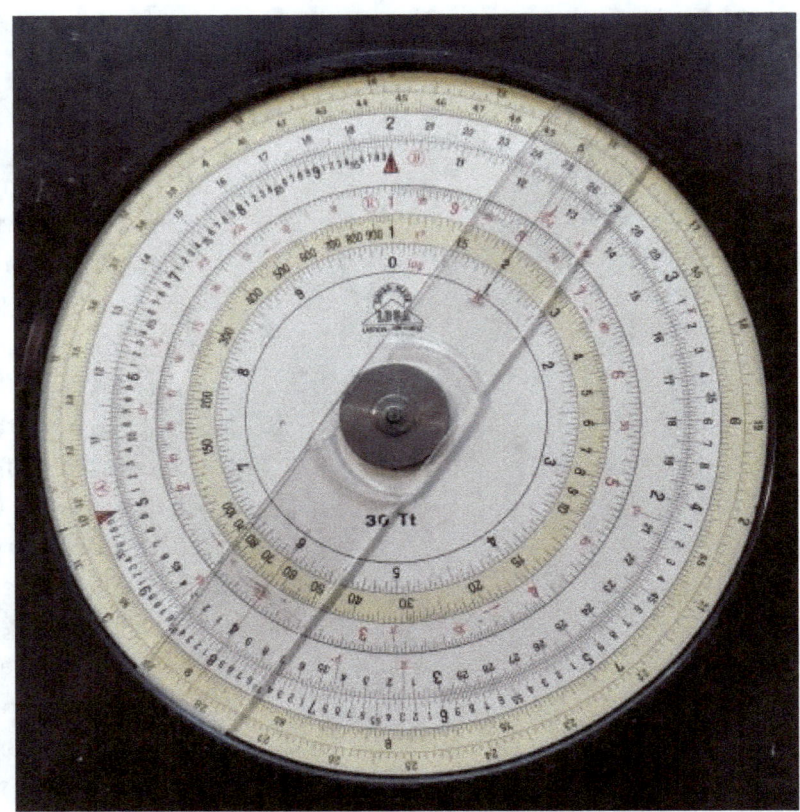

Die Zahlen sind hier im Uhrzeigersinn angeordnet, was für die Funktion der Rechenscheibe natürlich irrelevant ist.

Der Rechenschieber – meist in der Bauform Stab, Scheibe oder Walze – war während fast 350 Jahren das gängige Rechengerät, bis es in den 1970–er Jahren durch elektronische Taschenrechner abgelöst wurde, welche eine Rechengenauigkeit von bis zu 14 Stellen aufwiesen.

Damit wurden auch Logarithmentafeln obsolet. So konnten z. B. mit Hilfe der 'FÜNFSTELLIGEN LOGARITHMEN' von Erwin Voellmy Produkte mit einer Genauigkeit von etwa 4 bis 5 Stellen berechnet werden. Diese Tabellen nahmen etwa 40 Buchseiten ein. Ebenfalls noch in den 70–er Jahren wurde ein etwa 4 cm dickes Buch mit computerberechneten 7–stelligen Logarithmen veröffentlicht, das auf speziell dünnem Papier gedruckt worden war: Diesem Buch dürfte der kommerzielle Erfolg aus oben genanntem Grund ebenfalls versagt geblieben sein.

Das Frosch–Problem

Ein mathematischer Frosch befindet sich an einem Ufer eines Baches, und er will an das andere Ufer des Baches springen. Zwischen den Ufern liegen, gleichmässig über die Breite des Baches verteilt,

$n-1$ Seerosenblätter. Der Frosch springt nun mit der Wahrscheinlichkeit von $\frac{1}{n}$ auf eines der Seerosenblätter oder direkt an das andere Ufer. Springt er auf ein Seerosenblatt, dann hat er von da aus eine neue, aber konstante Wahrscheinlichkeit, auf eines der noch vor ihm liegenden Seerosenblätter oder direkt an das andere Ufer zu springen, und so weiter, bis er das andere Ufer erreicht hat.

Wie viele Sprünge braucht der Frosch im Mittel, wenn $n = 10$ ist? Wie viele Sprünge braucht er im Mittel für eine allgemein gegebene Zahl n ?

Wir bezeichnen mit $E(n)$ den Erwartungswert für die Anzahl Sprünge, die sich für eine Anzahl n im Mittel ergeben. Liegen noch 0 Plätze vor dem Frosch, befindet er sich bereits am anderen Ufer. Damit ist klar, dass $E(0) = 0$ ist. Sind noch n Plätze vor dem Frosch, haben wir den Erwartungswert für die Anzahl Sprünge bis zu diesem Punkt, plus einen weiteren Sprung (mit einer Wahrscheinlichkeit

von $\frac{1}{n}$). Darum gilt: $E(n) = 1 + \frac{1}{n} \cdot \sum_{i=0}^{n-1} E(i)$. Sind noch $n-1$ Plätze vor dem Frosch, gilt analog:

$E(n-1) = 1 + \frac{1}{n-1} \cdot \sum_{i=0}^{n-2} E(i)$. Für die gewichtete Differenz ergibt sich

$n \cdot E(n) - (n-1) \cdot E(n-1) = 1 + E(n-1)$. Diese Rekursion vereinfacht sich zu $E(n) = E(n-1) + \frac{1}{n}$.

Explizit ergibt sich daraus $E(n) = \sum_{k=1}^{n} \frac{1}{k}$., was gleich der $n-$ ten harmonische Zahl $H(n)$ ist. Für

$n = 10$ erhalten wir: $E(10) = H(10) = \frac{7381}{2520} \approx 2.92897$.

Die harmonischen Zahlen wachsen recht langsam an. Selbst mit $n \approx 10^{43}$ Seerosenblättern braucht der Frosch im Mittel nur etwa 99.59 Sprünge, bis er das andere Ufer erreicht hat.

In der untenstehenden Figur findet sich ein Programm für die Simulation dieses Problems:

```
In[26]:= n = 10;
     Versuchemax = 3 000 000;
     Sprunganzahltotal = 0;
     For[Versuch = 1, Versuch ≤ Versuchemax, Versuch++,
       Ort = 0; Sprunganzahl = 0;
       While[Ort < n, Sprungweite = RandomInteger[{1, n - Ort}];
       Ort = Ort + Sprungweite; Sprunganzahl++;];
       Sprunganzahltotal = Sprunganzahltotal + Sprunganzahl];
     N[Sprunganzahltotal / Versuchemax, 6]
Out[30]= 2.92847
```

Der Frosch springt mit jeweils zufällig ausgewählt grossen Sätzen 3 Millionen Mal über den Bach. Die mittlere Anzahl Sprünge pro Überquerung ist in der Schlusszahl wiedergegeben; der Erwartungswert $E(10) = H(10)$ weicht nur unwesentlich davon ab.

Das Produkt von Sehnenlängen im n-Eck

Einem Einheitskreis wird ein reguläres $n-$Eck eingeschrieben. Ausgehend von einer der Ecken werden die $n-1$ Sehnen zu all den anderen Ecken eingezeichnet.

Beh.: Das Produkt der Längen all dieser $n-1$ Sehnen ist gleich n .

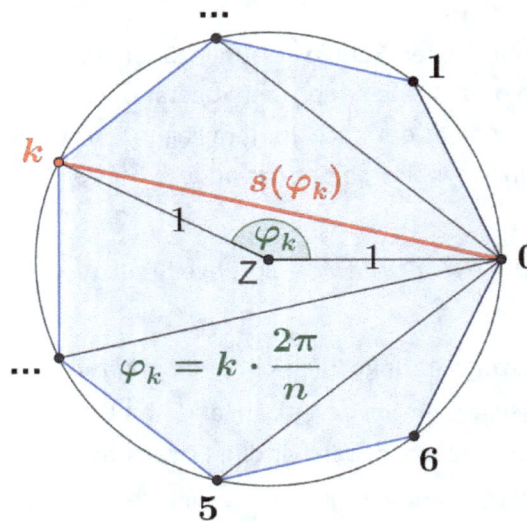

In der Figur links ist die Situation für $n=7$ aufgezeichnet. Gemäss dem Kosinussatz ist die Länge

der Sehne $s(\varphi_k) = \sqrt{2 - 2\cdot\cos\left(k\cdot\dfrac{2\pi}{n}\right)}$.

Die obige Behauptung ist damit äquivalent zu

$$\prod_{k=1}^{n-1} \sqrt{2 - 2\cdot\cos\left(k\cdot\frac{2\pi}{n}\right)} \equiv n \quad \text{(Gl. *)}.$$

Beispiele:

Für $n=2$ ist die einzige Sehne ein Durchmesser der Länge 2 : ✓

Für $n=3$ haben die beiden Sehnen beide die Länge $\sqrt{3}$, und das Produkt ihrer Längen ist gleich 3 : ✓.

Für $n=4$ haben die drei Sehnen die Längen $\sqrt{2}$, 2 und nochmals $\sqrt{2}$, mit einem Produkt 4 : ✓.

Für $n=5$ haben die vier Diagonalen die Längen

$\sqrt{2+\dfrac{1}{2}\left(1-\sqrt{5}\right)}, \sqrt{2+\dfrac{1}{2}\left(1+\sqrt{5}\right)}, \sqrt{2+\dfrac{1}{2}\left(1+\sqrt{5}\right)}, \sqrt{2+\dfrac{1}{2}\left(1-\sqrt{5}\right)}$. Und das Produkt dieser Längen ist

auch hier tatsächlich gleich 5 , was sich noch leicht nachrechnen lässt: ✓.

Für $n=6$ haben die fünf Sehnen die Längen $1, \sqrt{3}, 2, \sqrt{3}, 1$, mit einem Produkt von 6 : ✓.

Für $n=7$ haben die sechs Sehnen die Längen

$\sqrt{2-2\sin\left[\dfrac{3\pi}{14}\right]}, \sqrt{2+2\sin\left[\dfrac{\pi}{14}\right]}, \sqrt{2+2\cos\left[\dfrac{\pi}{7}\right]}, \sqrt{2+2\cos\left[\dfrac{\pi}{7}\right]}, \sqrt{2+2\sin\left[\dfrac{\pi}{14}\right]}, \sqrt{2-2\sin\left[\dfrac{3\pi}{14}\right]}$.

Das Produkt dieser sechs Terme lässt sich nicht sofort finden, aber gem. Mathematica gilt die Behauptung mindestens numerisch (!) auch hier:

```
In[11]:= n = 7; Product[Sqrt[2 - 2 * Cos[k * 2 Pi / n]], {k, 1, n - 1}] // N
Out[11]= 7.
```
✓.

Ein Beweis der Allgemeingültigkeit der Gleichung Gl. * folgt.

Der Beweis:
$$\prod_{k=1}^{n-1} \sqrt{2 - 2 \cdot \cos\left(k \cdot \frac{2\pi}{n}\right)} \equiv n .$$

Behauptung:
$$P_n := \prod_{k=1}^{n-1} \sqrt{2 - 2 \cdot \cos\left(k \cdot \frac{2\pi}{n}\right)} \equiv n \quad \Leftrightarrow \quad P_n := \prod_{k=1}^{n-1} 2\sin\left(k \cdot \frac{\pi}{n}\right) \equiv n .$$

Beweis:

Wir verwenden zunächst die Identität $2 - 2\cos(\varphi) \equiv 4\left(\sin\left(\frac{\varphi}{2}\right)\right)^2$. Damit wird der allgemeine Faktor $\sqrt{2 - 2 \cdot \cos\left(k \cdot \frac{2\pi}{n}\right)} = 2\sin\left(k \cdot \frac{\pi}{n}\right)$, und das Produkt P_n ergibt sich zu

$$P_n = 2\sin\left(1 \cdot \frac{\pi}{n}\right) \cdot 2\sin\left(2 \cdot \frac{\pi}{n}\right) \cdot 2\sin\left(3 \cdot \frac{\pi}{n}\right) \cdot \ldots \cdot 2\sin\left((n-1) \cdot \frac{\pi}{n}\right) = 2^{n-1} \cdot \prod_{k=1}^{n-1} \sin\left(k \cdot \frac{\pi}{n}\right). \text{ (Gl. *)}.$$

Mit der Euler–Formel wird $\sin\left(k \cdot \frac{\pi}{n}\right) = \dfrac{e^{k\pi/n} - e^{-k\pi/n}}{2i} = \underbrace{\left(\dfrac{1}{2i}\right)}_{(1)} \cdot \underbrace{e^{ik\pi/n}}_{(2)} \cdot \underbrace{(1 - e^{-2ik\pi/n})}_{(3)}.$

Das Produkt der Faktoren (1) ergibt $\left(\dfrac{1}{2i}\right)^{n-1}$, und das Produkt der Faktoren (2) ist

$e^{i\pi(1+2+3+\ldots+(n-1))} = \left(e^{i\pi/2}\right)^{n(n-1)} = i^{n-1}$; (1) und (2) zusammen ergeben $\dfrac{1}{2^{n-1}}$.

Das Produkt der Faktoren (3) ist gleich $\prod_{k=1}^{n-1}\left(1 - e^{-2ik\pi/n}\right)$. Dieses Produkt kann als Funktion

$$f(x) = \prod_{k=1}^{n-1}\left(x - e^{-2i\pi k/n}\right) = (x - e^{-2i\pi/n}) \cdot (x - e^{-4i\pi/n}) \cdot (x - e^{-6i\pi/n}) \cdot \ldots \cdot (x - e^{-2i\pi(n-1)/n}) \text{ an der Stelle}$$

$x = 1$ geschrieben werden. Für die Funktion ergibt sich $f(x) = 1 + x + x^2 + x^3 + \ldots + x^{n-1}$, was für $x = 1$ tatsächlich n ergibt.

Zusammengefasst wird damit:

$$\boxed{\underset{\text{v. Gl.*}}{P_n = 2^{n-1}} \cdot \underset{(1),(2)}{\dfrac{1}{2^{n-1}}} \cdot \underset{(3)}{n} = n}.$$

QED.

Lote in einem gleichseitigen Dreieck: Das Viviani–Theorem

Bei einem gleichseitigen Dreieck ABC werden von einem beliebigen Punkt P im Innern dieses Dreiecks die Lote auf die drei Seiten gefällt. Diese Lote haben die Längen u, v und w.

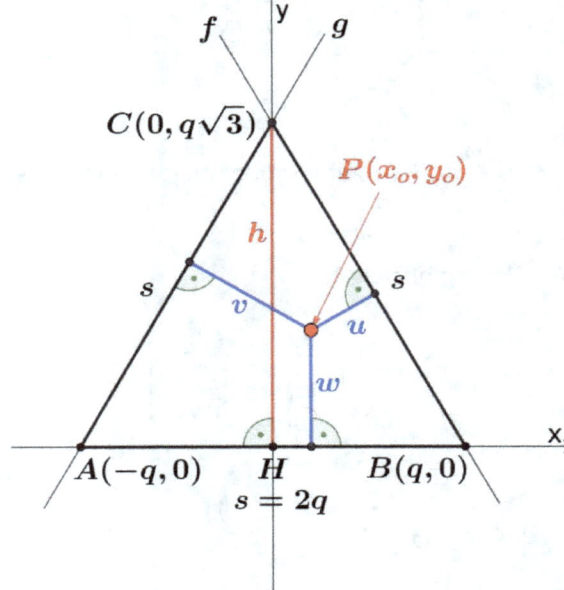

Interessanterweise ist die Summe der Längen dieser drei Lote, unabhängig von der Wahl des Punktes P, gleich der Länge der Höhe h:

Beh.: $\boxed{u + v + w = h}$.

Im links wiedergegebenen Beispiel ist die Höhe h 1.732 lang, u misst 0.383, v misst 0.729, und w ist 0.620 lang.

Hier stimmt die Behauptung – aber stimmt sie auch für jeden beliebigen anderen Punkt P? Und dies in jedem beliebigen gleichseitige Dreieck $A'B'C'$?

Ja und ja. Einer der Beweise dafür ist sehr einfach: Dazu wird der Flächeninhalt des Dreiecks ABC einmal mit der Höhe h und der Seite s berechnet und andererseits als Summe der Flächeninhalte der drei Teildreiecke ABP, BCP und CAP. Die Detailausführung des Beweises darf hier getrost den geneigten Leserinnen und Lesern überlassen werden: Viel Spass!

Aber warum einfach, wenn es kompliziert auch geht:

Wir wählen ein Koordinatensystem, in dem der Punkt A die Koordinaten $(-q, 0)$ und der Punkt B die Koordinaten $(q, 0)$ hat. Dann hat folglich der Punkt C im rechtsorientierten Dreieck ABC die Koordinaten $(0, q\sqrt{3})$, und für die Höhe gilt: $h = q \cdot \sqrt{3}$. Wie man sofort sieht, hat die Strecke w die Länge y_o. Für die Strecken u und v werden die Gleichungen der Geraden f und g in Hesse'scher Normalform benötigt:

$$f : \frac{\sqrt{3}x - y + q\sqrt{3}}{2} = 0 \quad ; \quad g : \frac{-\sqrt{3}x - y + q\sqrt{3}}{2} = 0.$$

Damit wird, unter Berücksichtigung des korrekten Vorzeichens, $u = \dfrac{\sqrt{3}x_o - y_o + q\sqrt{3}}{2}$ und

$v = \dfrac{-\sqrt{3}x_o - y_o + q\sqrt{3}}{2}$. Die Summe $u + v + w$ ergibt sofort $q\sqrt{3}$, was aber gerade gleich der Länge der Höhe h ist: QED.

Die Recamán – Folge

Die Recamán – Folge geht auf den Kolumbianischen Mathematiker Bernarodo Recamán Santos (* Bogotá, Colombia, 5. August 1954) zurück. Sie ist wie folgt definiert:

$$a_n = \begin{cases} 0, \text{ falls } n = 0. \\ a_{n-1} - n, \text{ falls } a_{n-1} - n > 0 \text{ und noch nicht in der Folge.} \\ a_{n-1} + n, \text{ sonst.} \end{cases}$$

Die Folge startet bei 0, und sie ändert sich in Schritten, die immer um 1 grösser werden. Der erste Schritt ist 1. Die Folge geht auf der Zahlengeraden rückwärts, falls das neue Folgenglied damit positiv bleibt und diese Zahl in der Folge nicht schon einmal vorgekommen ist. Andernfalls geht die Folge auf der Zahlengeraden in positiver Richtung vorwärts. Die ersten 20 Folgeglieder lauten:

$$\{0,1,3,6,2,7,13,20,12,21,11,22,10,23,9,24,8,25,43,62,...\}$$

Diese Folge findet sich in der OEIS unter der Nummer A005132.

Mit dem folgenden Mathematica–Programm können die ersten 150 Folgeglieder berechnet werden:

```
In[16]:= Folge = {}; an = 0;
         For[k = 1, k ≤ 150, k++,
           AppendTo[Folge, an];
           If[an - k < 0 || MemberQ[Folge, an - k], an = an + k, an = an - k]];
```

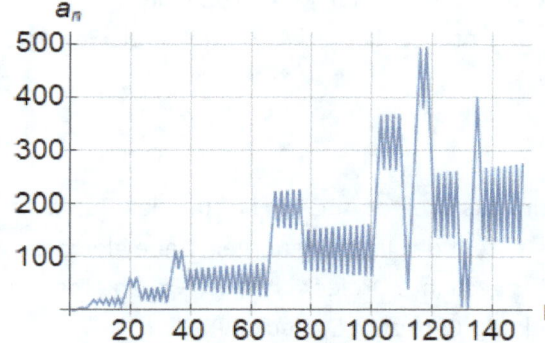

In der links stehenden Figur wurden die ersten 150 Glieder graphisch wiedergegeben.

Eine weitere hübsche Visualisierung findet sich im Internet unter https://commons.wikimedia.org/wiki/File:Recam%C3%A1n_Sequence_Visualisation.svg.

Hier werden, bei den ersten 75 Gliedern, zwei benachbarte Glieder mit einem Halbkreis oberhalb der Zahlengeraden verbunden, wenn $a_{n+1} < a_n$ ist, andernfalls mit einem Halbkreis unterhalb der Zahlengeraden:

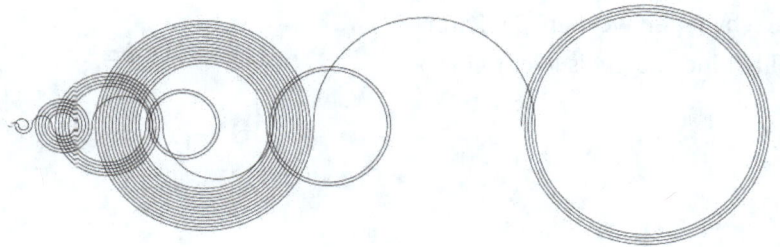

Die Recamán – Folge hat Anwendungen in der Steganographie.

Es scheint, dass alle natürlichen Zahlen in dieser Folge vorkommen, ausser vielleicht 852'665.

Ein "Killer – Problem"

Die folgende Aufgabe ist ein "Killer – Problem". Das sind Probleme, die **ohne** einen notwendigen Trick sozusagen nicht zu lösen sind, **mit** diesem Trick aber beinahe trivial werden. Es wird kolportiert, dass Killer – Probleme von gewissen Universitäten in der UdSSR bei Aufnahmeprüfungen gezielt eingesetzt wurden, um missliebige potentielle Studenten 'legal korrekt' abweisen zu können.

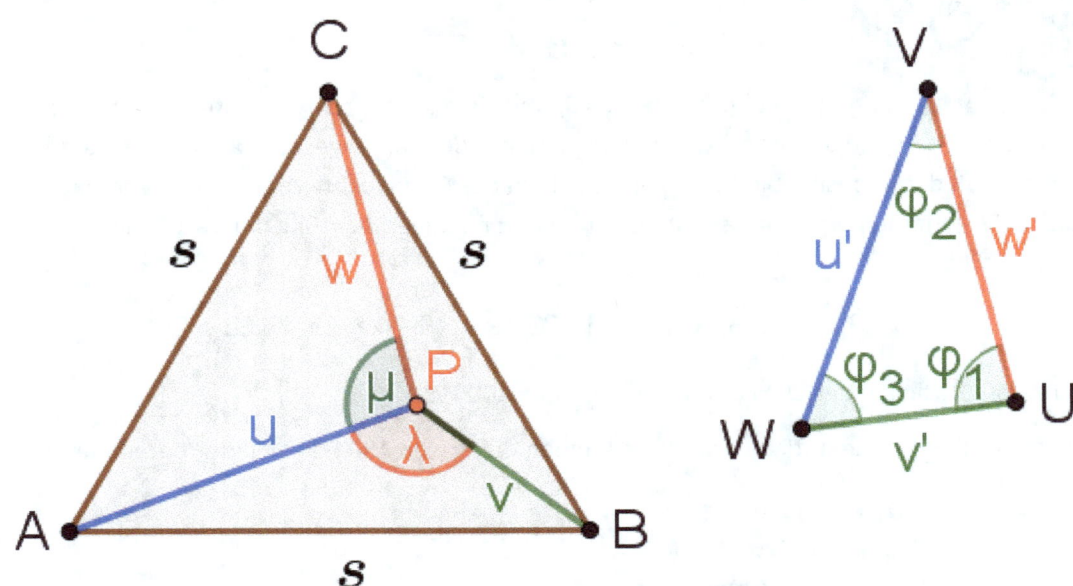

Die Aufgabe: Im Innern eines gleichseitigen Dreiecks ABC wird ein beliebiger Punkt P gewählt. Die Strecken von P zu A, B und C werden mit u, v und w bezeichnet. Die Winkel $\lambda = \angle BPA$ und $\mu = \angle APC$ seien gegeben. Aus den Strecken u, v und w wird nun ein Dreieck UVW gebildet. Gefragt sind die Innenwinkel $\varphi_1, \varphi_2, \varphi_3$ in diesem Dreieck UVW.

Selber ein wenig ausprobiert?!

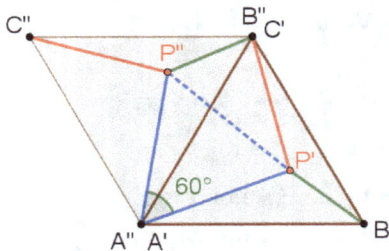

Der Trick besteht darin, das Dreieck ABC um 60° um den Punkt A zu drehen: Dadurch entsteht das links wiedergegebene gleichseitige Dreieck A'P'P''. Das gesuchte Dreieck UVW ist – nach einer Geradenspiegelung – kongruent zum Dreieck C'P''P'.

Die Winkelberechnung wird damit tatsächlich trivial.

Die explizite Lösung soll hier nicht verschwiegen werden. Sie kann aus der nebenstehenden Figur mit Hilfe eines Spiegels leicht eingesehen werden!

$$\varphi_1 = 300° - \mu - \lambda$$

$$\varphi_2 = \mu - 60°$$

$$\varphi_3 = \lambda - 60°$$

Konstruktion einer Senkrechten

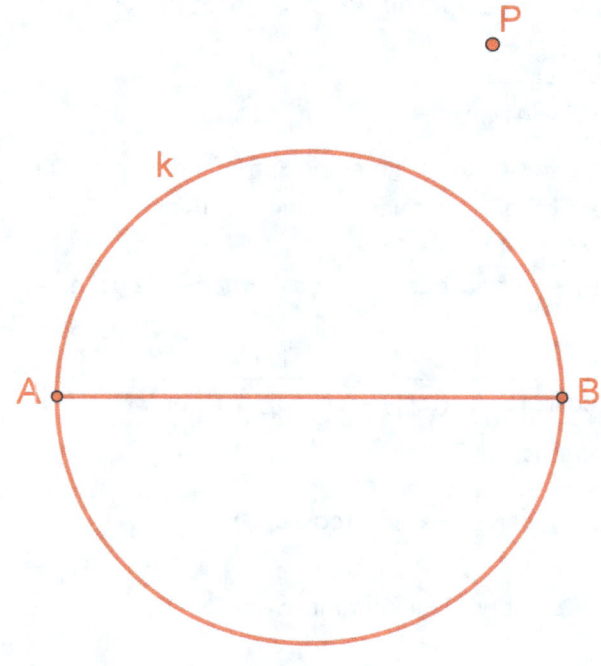

Gegeben sind ein Kreis k mit einem Durchmesser AB und ein Punkt P, der weder auf dem Kreis noch auf dem Durchmesser liegt.

Mit einem Lineal allein soll die Senkrechte von M auf den Durchmesser AB konstruiert werden.

Das Problem scheint trivial zu sein, weil eine Senkrechte von einem Punkt auf eine Gerade normalerweise mit einem Geodreieck ohne Bedenken sofort eingezeichnet wird.

Mit Zirkel und Lineal ist das Problem ebenfalls leicht lösbar: Mit einem genügend grossen Kreis mit Mittelpunkt P, der die Gerade in Punkten X und Y schneidet. Der Mittelpunkt von X und Y, der mit Zirkel und Lineal ebenfalls leicht konstruiert werden kann, liegt dann auf der gesuchten Senkrechten.

Aber ohne Zirkel und ohne Geodreieck, mit einem Lineal allein?

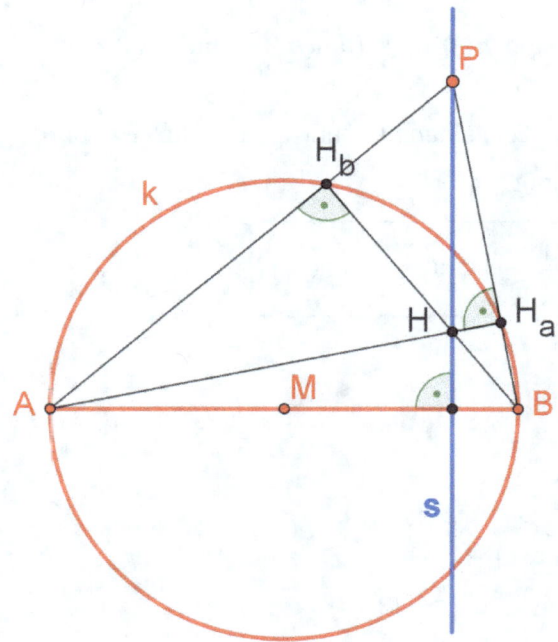

Lösung:

Zuerst wird das Dreieck ABP eingezeichnet. Die Höhenfusspunkte H_a und H_b liegen auf dem Kreis k, der dafür ein Thaleskreis über AB ist.

Damit sind die Höhen h_a und h_b gefunden. Diese schneiden sich und definieren damit den Höhenschnittpunkt H.

Alle Höhen eines Dreiecks schneiden sich immer in genau einem Punkt, dem Höhenschnittpunkt H. Die gesuchte Senkrechte s liegt auf der dritten Höhe h_p und ist darum die Gerade durch H und P.

Ein weiteres Killer – Problem

Gegeben ist eine arithmetische Folge $a_1, a_2, a_3, ..., a_n$ mit der Differenz d. Gesucht ist eine geschlossene Form für die Summe $S = \sum\limits_{i=1}^{n-1} \dfrac{1}{\cos(a_i) \cdot \cos(a_{i+1})}$.

Diese geschlossene Form kann gefunden werden, wenn sich der allgemeine Summand als eine Differenz darstellen lässt und sich daraus eine Summe ergibt, die sich teleskopartig vereinfachen lässt.

Der Term $\dfrac{1}{\cos(a_i) \cdot \cos(a_{i+1})}$ soll also als Differenz $b_{i+1} - b_i$ wiedergegeben werden. Wie bei einer

Partialbruchzerlegung verwenden wir den Ansatz $\dfrac{1}{\cos(a_i) \cdot \cos(a_{i+1})} = \dfrac{A}{\cos(a_{i+1})} - \dfrac{B}{\cos(a_i)}$, der

äquivalent ist zu $A \cdot \cos(a_i) - B \cdot \cos(a_{i+1}) = 1$. Weiter ist

$$\sin(a_{i+1} - a_i) = \sin(d) = \sin(a_{i+1})\cos(a_i) - \sin(a_i)\cos(a_{i+1}).$$

Darum ist $1 = \underbrace{\dfrac{\sin(a_{i+1})}{\sin(d)}}_{=A}\cos(a_i) - \underbrace{\dfrac{\sin(a_i)}{\sin(d)}}_{=B}\cos(a_{i+1})$. Damit wird die Summe S zu

$$S = \dfrac{1}{\sin(d)} \cdot \sum_{i=1}^{n-1}\left(\dfrac{\sin(a_{i+1})}{\cos(a_{i+1})} - \dfrac{\sin(a_i)}{\cos(a_i)} \right) = \dfrac{1}{\sin(d)} \cdot \sum_{i=1}^{n-1}\left(\tan(a_{i+1}) - \tan(a_i) \right).$$

Ausgeschrieben ist dies

$$S = \dfrac{1}{\sin(d)} \cdot \Big((\tan(a_2) - \tan(a_1)) + (\tan(a_3) - \tan(a_2)) + ... + (\tan(a_n) - \tan(a_{n-1})) \Big).$$

Dies ist eine teleskopartig sich vereinfachende Summe! Es bleiben nur $\tan(a_n)$ und $\tan(a_1)$ übrig. Die geschlossene Form der gesuchten Summe wird damit

$$\boxed{S = \sum_{i=1}^{n-1} \dfrac{1}{\cos(a_i) \cdot \cos(a_{i+1})} = \dfrac{1}{\sin(d)} \cdot (\tan(a_n) - \tan(a_1))}$$

Beispiel:

$a_k = 5 + (k-1) \cdot 3$. Die Differenz ist $d = 3$ und $n = 200$.

```
{d, n} = {3, 200};
a[k_] := 5 + (k - 1) * d;
S1 = Sum[1 / (Cos[a[k + 1]] * Cos[a[k]]), {k, 1, n - 1}];
S2 = 1 / Sin[d] * (Tan[a[n]] - Tan[a[1]]);
Print[{N[S1, 10], N[S2, 10]}]

{6.468115687, 6.468115687}
```

Ein nicht ganz so einfacher Grenzwert

Gesucht ist der Grenzwert $\lim\limits_{x \to \infty}\left(\sqrt{9x^2 + x} - 3x\right)$. Naiver Weise könnte angenommen werden, dass

dieser Term mit wachsendem x über alle Grenzen wächst, weil das zusätzliche x unter der Wurzel den Wurzelterm irgendwie immer grösser als $3x$ macht.

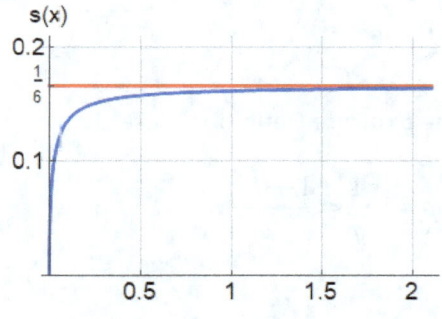

In der Figur links ist der Graph der Funktion

$$s(x) = \sqrt{9x^2 + x} - 3x \text{ für } 0 < x < 2 \text{ wiedergegeben. Schon}$$

für Werte von x mit $1 < x < 2$ scheint sich der Graph asymptotisch dem Wert $\dfrac{1}{6}$ anzunähern. Und $s(1000) \approx 0.166662$:

Das sind Indizien dafür, dass

Behauptung: $\lim\limits_{x \to \infty}\left(\sqrt{9x^2 + x} - 3x\right) = \dfrac{1}{6}$

wahr sein könnte. Wie aber kann dies bewiesen werden?!

Dazu machen wir den Term $s(x)$ zuerst etwas komplizierter, indem wir ihn mit $\sqrt{9x^2 + x} + 3x$ erweitern:

$$s(x) = \frac{(\sqrt{9x^2 + x} - 3x)\cdot(\sqrt{9x^2 + x} + 3x)}{\sqrt{9x^2 + x} + 3x}.$$

Der Term vereinfacht sich, wenn der Zähler ausmultipliziert wird:

$$s(x) = \frac{x}{\sqrt{9x^2 + x} + 3x}.$$

Jetzt kann mit x gekürzt werden:

$$s(x) = \frac{1}{\sqrt{9 + \dfrac{1}{x}} + 3}.$$

So wird klar, dass $s(x)$ für $x \to \infty$ tatsächlich gegen $\dfrac{1}{6}$ geht: QED.

Alternativ, 'quick and dirty': $s(x) = \sqrt{9x^2 + x + \dfrac{1}{36} - \dfrac{1}{36}} - 3x = \sqrt{\left(3x + \dfrac{1}{6}\right)^2 - \dfrac{1}{36}} - 3x$. Für $x \gg 1$

kann $\dfrac{-1}{36}$ unter der Wurzel vernachlässigt werden: $s(x) \approx 3x + \dfrac{1}{6} - 3x = \dfrac{1}{6}$.

Eine geniale Formel für die Fibonacci–Zahlen

Die Folge der Fibonacci–Zahlen $1, 1, 2, 3, 5, 8, 13, 21, 34, 55, \ldots$ findet sich als Zierde auf einer Wand im Zürcher Hauptbahnhof und geniesst darum hier einen gewissen Bekanntheitsgrad. Diese Folge ist **rekursiv** definiert durch

$$F(1) = 1; F(2) = 1;$$
$$F(n) \;=\; F(n-1) + F(n-2)$$
$$\text{für } n \geq 3$$

Etwas weniger bekannt dürfte die Binet–Formel sein. Diese ist eine **explizite** Definition dieser Folge:

$$F(n) = \frac{\phi^n - \psi^n}{\phi - \psi} \text{ , mit } \varphi = \frac{1 + \sqrt{5}}{2} \text{ und } \psi = 1 - \varphi = -\frac{1}{\varphi} = \frac{1 - \sqrt{5}}{2} \,.$$

Explizit ausgeschrieben ergibt dies die folgende Definition:

$$F(n) = \frac{1}{\sqrt{5}} \cdot \left(\left(\frac{1 + \sqrt{5}}{2} \right)^n - \left(\frac{1 - \sqrt{5}}{2} \right)^n \right).$$

Interessanterweise liefert die elaboriert daherkommende die Formel

$$F_e(n) = \frac{2}{\sqrt{5} \cdot i^n} \sinh\left(n \cdot \ln\left(i \cdot \frac{1 + \sqrt{5}}{2} \right) \right)$$

das gleiche Resultat!

P.S.: Der Sinus Hyperbolicus ist wie folgt definiert: $\sinh(x) := \dfrac{e^x - e^{-x}}{2}$. Darum wird

$$F_e(n) = \frac{2}{\sqrt{5} \cdot i^n} \cdot \frac{e^{n \cdot \ln\left(i \cdot \frac{1 + \sqrt{5}}{2} \right)} - e^{-n \cdot \ln\left(i \cdot \frac{1 + \sqrt{5}}{2} \right)}}{2} = \frac{2}{\sqrt{5} \cdot i^n} \cdot \frac{\left(i \cdot \frac{1 + \sqrt{5}}{2} \right)^n - \left(i \cdot \frac{1 + \sqrt{5}}{2} \right)^{-n}}{2} \,.$$

Die verschiedenen Potenzen von i ergänzen sich hier wie magisch gerade so, dass sich daraus das richtige Resultat – die $n-$ te Fibonacci–Zahl – ergibt! Es gilt dabei zu berücksichtigen, dass

$$\left(\frac{1 + \sqrt{5}}{2} \right)^{-1} = \frac{2}{1 + \sqrt{5}} = \frac{\sqrt{5} - 1}{2} \,.$$

Das ist bekanntlich eine grundlegende Eigenschaft des Verhältnisses des Goldenen Schnitts.

Es bleibt der geneigten Leserschaft überlassen, die Äquivalenz all dieser Definitionen explizit nachzuweisen.

Richard Feynman: π ist rational!

Die Zahl π , abgebrochen nach 6 signifikanten Stellen, ist gleich 3.14159... .

Die Zahl π , abgebrochen nach 768 signifikanten Stellen, ist gleich

```
3.14159265358979323846264338327950288419716939937510582097494459230781640628
  62089986280348253421170679821480865132823066470938446095505822317253594
  08128481117450284102701938521105559644622948954930381964428810975665933446
  12847564823378678316527120190914564856692346034861045432664821339360726
  24914127372458700660631558817488152092096282925409171536436789259036001133
  05305488204665213841469519415116094330572703657595919530921861173819326
  17931051185480744623799627495673518857527248912279381830119491298336733624
  40656643086021394946395224737190702179860943702770539217176293176752384
  74818467669405132000568127145263560827785771342757789609173637178721468449
  09012249534301465495853710507922796892589235420199561121290219608640344181
  59813629774771309960518707211349999999 ...
```

Interessanterweise sind alle 6 Ziffern von der 763sten bis zur 768sten gleich 9. Diese Stelle in der Dezimalzahldarstellung von π wird auch "Feynman–Point" bezeichnet.

Es wird gesagt, dass Feynman spasseshalber vorgeschlagen haben soll, die Zahl π bis zur 768sten Stelle auswendig zu lernen, und anschliessend "... and so on ..." zu sagen!

"Und so weiter" mit Ziffern 9 würde bedeuten, dass π rational wäre. Es gibt aber Beweise dafür, dass π transzendent und folglich auch irrational ist. Die nächste Ziffer nach den sechs Neunern ist übrigens eine 8.

Es existiert auch der "Keller–Point": Ab der 193'034sten Ziffern von π folgen wiederum sechs gleiche Ziffern hintereinander, diesmal wieder sechs Mal die Ziffer 9. Und anschliessend folgt hier als nächste Ziffer eine 2.

British Math Olympiad from 1995!

Gesucht sind Zahlen $a, b, c \in \mathbb{N}$, so dass $\left(1+\dfrac{1}{a}\right) \cdot \left(1+\dfrac{1}{b}\right) \cdot \left(1+\dfrac{1}{c}\right) = 2$ wird.

Ohne Einschränkung der Allgemeinheit darf $a \leq b \leq c$ angenommen werden. Keine der Zahlen kann gleich 1 sein, weil das Produkt dann grösser als 2 würde. Wären alle diese Zahlen gleich, dann wäre $\left(1+\dfrac{1}{a}\right)^3 = 2$. Dann müsste $\left(1+\dfrac{1}{a}\right) = 2^{1/3}$ und damit $a \leq \dfrac{1}{2^{1/3}-1} \approx 3.8473$ sein. Weil a eine natürliche Zahl ist, kommen dafür nur noch $a = 2$ oder $a = 3$ in Frage.

$a = 2$: Das ergibt die Gleichung $\dfrac{3}{2} \cdot \left(1+\dfrac{1}{b}\right) \cdot \left(1+\dfrac{1}{c}\right) = 2$ oder äquivalent dazu $3(b+1)(c+1) = 4bc$.

Das kann vereinfacht werden zu $(b-3)(c-3) = 12$.

Diese Gleichung hat ganzzahlige Lösungen für c, wenn $b = 4, b = 5$ oder $b = 6$ ist (wenn $a \leq b \leq c$ gilt). Es ergeben sich drei Lösungen für (a, b, c): $(2,4,15), (2,5,9), (2,6,7)$.

$a = 3$: Das ergibt die Gleichung $\dfrac{4}{3} \cdot \left(1+\dfrac{1}{b}\right) \cdot \left(1+\dfrac{1}{c}\right) = 2$ oder äquivalent dazu $4(b+1)(c+1) = 6bc$.

Das kann vereinfacht werden zu $(b-2)(c-2) = 6$.

Diese Gleichung hat ganzzahlige Lösungen für c, wenn $b = 3$ oder $b = 4$ ist (wenn $a \leq b \leq c$ gilt). Es ergeben sich zwei Lösungen für (a, b, c): $(3,3,8), (3,4,5)$.

Oder auch so...:

```
In[34]:= Lösung = {};
    For[a = 2, a ≤ 100, a++,
      For[b = a, b ≤ 100, b++,
        For[c = b, c ≤ 100, c++,
          If[(1 + 1 / a) (1 + 1 / b) * (1 + 1 / c) == 2, 1 = AppendTo[Lösung, {a, b, c}]]]]];
    Lösung

Out[35]= {{2, 4, 15}, {2, 5, 9}, {2, 6, 7}, {3, 3, 8}, {3, 4, 5}}
```

Wird die Bedingung $a \leq b \leq c$ fallen gelassen, dann können die Positionen von a, b, c in diesen Lösungen permutiert werden. Mit $a = 2$ ergeben sich $3 \cdot 6 = 18$ Lösungen und mit $a = 3$ weitere $3 + 6 = 9$ Lösungen. Insgesamt hat das Problem also 27 Lösungen für (a, b, c):

```
{{2, 4, 15}, {2, 15, 4}, {4, 2, 15}, {4, 15, 2}, {15, 2, 4}, {15, 4, 2}, {2, 5, 9}, {2, 9, 5}, {5, 2, 9},
 {5, 9, 2},  {9, 2, 5},  {9, 5, 2},  {2, 6, 7},  {2, 7, 6},  {6, 2, 7},  {6, 7, 2},  {7, 2, 6}, {7, 6, 2},
 {3, 3, 8},  {3, 8, 3},  {8, 3, 3},  {3, 4, 5},  {3, 5, 4},  {4, 3, 5},  {4, 5, 3},  {5, 3, 4}, {5, 4, 3}}
```

Johann Bernoulli's Integral

Wie kann das Integral $I = \int_0^1 x^x dx$ von Johannes Bernoulli berechnet werden?

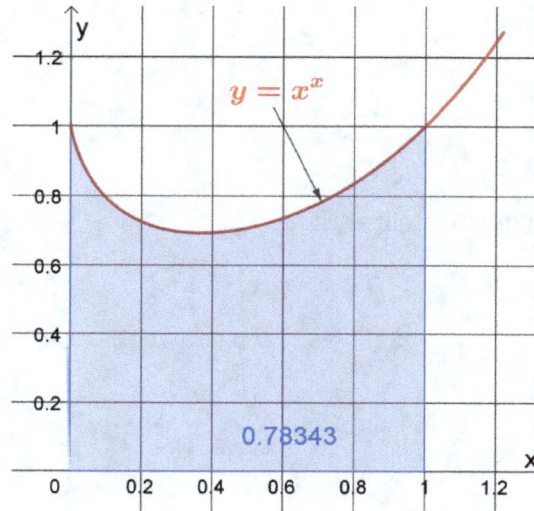

In der Figur links ist der Graph dieses Integranden im Integrationsbereich wiedergegeben, zusammen mit diesem bestimmten Integral, das einen numerischen Wert von $I \approx 0.78343...$ aufweist.

Zunächst wird der Integrand als $e^{x \cdot \ln(x)}$ geschrieben. Weiter wird die übliche Reihenentwicklung der Eulerschen Zahl verwendet, so dass das Integral gleich

$$I = \int_0^1 \sum_{n=0}^{\infty} \frac{\left(x \cdot \ln(x)\right)^n}{n!} dx$$

wird. Wenn diese Reihe absolut konvergiert, dürfen Integration und Summation vertauscht werden, was hier der Fall ist, wie sich dies später ergibt. Damit wird $I = \sum_{n=0}^{\infty} \frac{1}{n!} \underbrace{\int_0^1 \left(x \cdot \ln(x)\right)^n dx}_{I_T(n)}$. Für die Berech-

nung des Teilintegrals $I_T(n)$ wird zuerst einmal die Substitution $u := -\ln(x)$ eingesetzt. Damit wird

$I_T(n) = (-1)^n \int_0^{\infty} \left(e^{-u}\right)^{n+1} u^n du = (-1)^n \int_0^{\infty} e^{-(n+1) \cdot u} u^n du$. Mit einer weiteren Substitution

$v := (n+1) \cdot u$ wird $I_T(n) = \frac{(-1)^n}{(n+1)^{n+1}} \underbrace{\int_0^{\infty} e^{-v} v^n dv}_{=\Gamma(n+1)=n!}$. Das Integral allein entspricht gerade der Definition

der Gamma–Funktion! Im ganzen Integral kürzt sich nun ein Term $n!$ weg, und es ergibt sich

$$I = \sum_{n=0}^{\infty} \frac{(-1)^n}{(n+1)^{n+1}} = \frac{1}{1^1} - \frac{1}{2^2} + \frac{1}{3^3} - \frac{1}{4^4} + ... - ...$$

Numerisch erhalten wir dafür schon mit nur gerade den ersten acht Summanden einen Wert $I \approx 0.78343051080873841079$, der bereits in den ersten 20 signifikanten Stellen korrekt ist.

Das Integral $I = \int_0^1 x^x dx$ kann auch mit der Methode von Richard Feynman berechnet werden, was zum gleichen Resultat führt.

Ein Teilbarkeitsbeweis

Ein klassischer Fall für einen Beweis mit vollständiger Induktion!

Behauptung:

$n^3 + 11n$ ist für jede **ganze** Zahl n durch 6 teilbar.

Beweis mit vollständiger Induktion:

Zuerst wird gezeigt, dass n^3+11n für jede **natürliche** Zahl n durch 6 teilbar ist.

Induktionsverankerung:

Für $k = 1$ ist $k^3+11k = 12$, was tatsächlich durch 6 teilbar ist.

Induktionsschluss für natürliche n:

Wir nehmen an, dass k^3+11k für eine gewisse natürliche Zahl k durch 6 teilbar sei. Jetzt ist zu zeigen, dass dann $(k+1)^3 + 11(k+1)$ ebenfalls durch 6 teilbar ist.

Ausmultipliziert ist $(k+1)^3 + 11(k+1)$ gleich $k^3 + 3 k^2 +3 k + 1 + 11 k+ 11$, was seinerseits gleich

$k^3 + 11k + 3 k (k+1) +12$ ist. $k^3 + 11k$ ist gemäss Annahme ein Vielfaches von 6, und 12 ebenso. Es bleibt $3 k (k+1)$, was offensichtlich durch 3 teilbar ist. Und $k (k+1)$ ist auf jeden Fall gerade, also durch 2 teilbar.

Spezialfall n = 0:

Für $n = 0$ ist der Term n^3+11n gleich 0 und damit ebenfalls durch 6 teilbar.

Soweit ist damit ist gezeigt, dass $n^3 + 11n$ für jede **nichtnegative ganze Zahl** n durch 6 teilbar ist.

Erweiterung für negative ganze n:

Für negative ganze Zahlen n wird der Term $n^3 + 11n$ ebenfalls negativ, nämlich gleich $-(|n|^3 + 11|n|)$. Der Term in dieser Klammer ist aber – wie oben gezeigt – ein Vielfaches von 6, und seine Gegenzahl ist darum ebenfalls ein Vielfaches von 6.

QED!

Die Mitternachtsformel

Die Formel für die Lösung einer quadratischen Gleichung wird gelegentlich als "Mitternachtsformel" bezeichnet, weil jeder Student diese Formel immer auswendig reproduzieren können muss, auch wenn er mitten in der Nacht aus dem Schlaf geweckt und nach dieser Formel gefragt wird!

Im Allgemeinen hat eine quadratische Gleichung genau zwei reelle, genau eine reelle oder keine reellen Lösungen. Im letzteren Fall hat sie dann dafür zwei konjugiert komplexe Lösungen.

Wie wird denn eine quadratische Gleichung überhaupt gelöst? Schauen wir uns dies an einem Beispiel an: Was ist die Lösung der Gleichung $3x^2 - 21x + 36 = 0$?

Als erstes werden beide Seiten durch den Koeffizienten des quadratischen Summanden geteilt, also hier durch 3. Das ergibt die dazu äquivalente Gleichung $x^2 - 7x + 12 = 0$. Nach den Sätzen von Vietà muss das Produkt der Lösungen gleich der Konstanten 12 sein, und die Gegenzahl der Summe der Lösungen muss gleich dem Koeffizienten im linearen Teil sein, hier also gleich -7. Damit lassen sich die beiden Lösungen $x_1 = 3$ und $x_2 = 4$ schon fast erraten. Wir wollen hier aber weiter systematisch vorgehen. Dazu subtrahieren wir auf beiden Seiten den konstanten Term, was $x^2 - 7x = -12$ ergibt. Jetzt kommt ein Kniff, der den vornehmen Namen "Quadratische Ergänzung" trägt: Wir addieren auf beiden Seiten das Quadrat des halben Koeffizienten des linearen Terms, also $\left(-\dfrac{7}{2}\right)^2 = \dfrac{49}{4}$. Dies ergibt die scheinbar kompliziertere Gleichung $x^2 - 7x + \dfrac{49}{4} = -12 + \dfrac{49}{4} = \dfrac{1}{4}$. Die linke Seite ist nun dank der quadratischen Ergänzung ein vollständiges Quadrat, nämlich $\left(x - \dfrac{7}{2}\right)^2$, wie man leicht mit der binomischen Formel $(u - v)^2 \equiv u^2 - 2uv + v^2$ nachrechnet. Jetzt wird auf beiden Seiten die Wurzel gezogen, und wir erhalten $x - \dfrac{7}{2} = \pm\sqrt{\dfrac{1}{4}} = \pm\dfrac{1}{2}$. Addition von $\dfrac{7}{2}$ ergibt $x_{1,2} = \begin{cases} \dfrac{7}{2} + \dfrac{1}{2} = 4 \\ \dfrac{7}{2} - \dfrac{1}{2} = 3 \end{cases}$.

Analog allgemein: $ax^2 + bx + c = 0 \Leftrightarrow x^2 + \dfrac{b}{a}x = -\dfrac{c}{a} \Leftrightarrow x^2 + \dfrac{b}{a}x + \dfrac{b^2}{4a^2} = \dfrac{b^2}{4a^2} - \dfrac{4ac}{4aa}$. Ziehen der Wurzel ergibt $\left(x + \dfrac{b}{2a}\right) = \pm\dfrac{\sqrt{b^2 - 4ac}}{2a}$, und damit

$$\boxed{x_{1,2} = \frac{-b \pm \sqrt{b^2 - 4ac}}{2a}}.$$

Das ist die **Mitternachtsformel**! Werden darin $a = 3, b = -21, c = 36$ eingesetzt, ergeben sich locker die oben bereits gefundenen Lösungen $x_1 = 4$ respektive $x_2 = 3$.

Eine arithmetisch–geometrische Reihe

Eine arithmetisch–geometrische Reihe ist gegeben durch

$$S_n = \sum_{k=1}^{n} \frac{k}{2^k} = \frac{1}{2} + \frac{2}{4} + \frac{3}{8} + \ldots + \frac{n-1}{2^{n-1}} + \frac{n}{2^n}.$$

Die Zähler der Summanden entsprechen einer arithmetischen Folge und die Nenner einer geometrischen, was zu dem oben angegebenen Namen dieser Reihe führt.

Wir subtrahieren von $2S_n$ die Reihe S_n selber; dies ist erlaubt, weil beide diese Reihen konvergieren:

$$\left(\begin{array}{l} 2S_n = 1 + \dfrac{2}{2} + \dfrac{3}{4} + \dfrac{4}{8} + \ldots + \dfrac{n}{2^{n-1}} \\[2mm] S_n = \quad\;\; \dfrac{1}{2} + \dfrac{2}{4} + \dfrac{3}{8} + \ldots + \dfrac{n-1}{2^{n-1}} + \dfrac{n}{2^n} \end{array} \right) .$$ Das ergibt $S_n = \left(1 + \dfrac{1}{2} + \dfrac{1}{4} + \dfrac{1}{8} + \ldots + \dfrac{1}{2^{n-1}} \right) - \dfrac{n}{2^n}$. Die

Klammer ist eine endliche geometrische Reihe mit $q = \dfrac{1}{2}$ und dem Wert $\left(2 - \dfrac{1}{2^{n-1}} \right)$. Damit wird die

n–te Partialsumme

$$\boxed{S_n = \sum_{k=1}^{n} \frac{k}{2^k} = \frac{2^{n+1} - n - 2}{2^n}.}$$

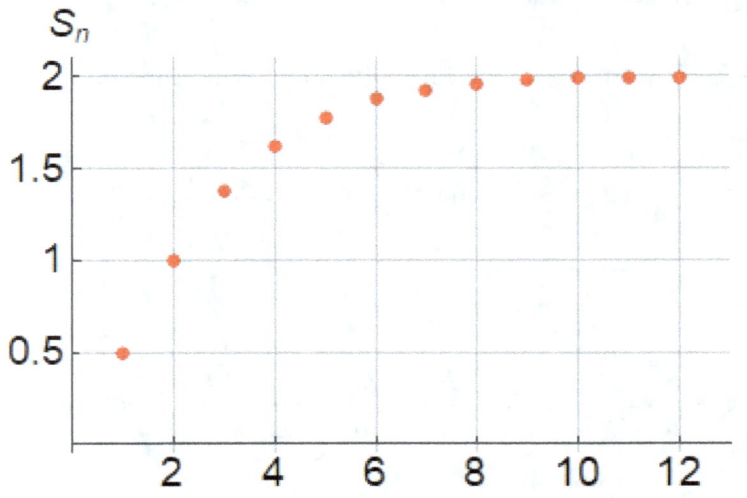

In der links wiedergegebenen Figur sind die ersten paar Summen S_n für $1 \leq n \leq 12$ graphisch wiedergegeben. Der Grenzwert

$$\lim_{n \to \infty} S_n = 2$$

erscheint offensichtlich.

Dies ist aber auch rechnerisch klar: $\displaystyle\lim_{n \to \infty} S_n = \lim_{n \to \infty} \frac{2^{n+1} - n - 2}{2^n} = \lim_{n \to \infty} 2 - \lim_{n \to \infty} \frac{n+2}{2^n} = 2$, weil der

zweite dieser Grenzwerte $\displaystyle\lim_{n \to \infty} \frac{n+2}{2^n}$ gegen 0 konvergiert.

Wie viele Zufallszahlen braucht es?

Wie viele Zufallszahlen $a_i \in [0,1]$ braucht es im Mittel, bis deren Summe grösser als Eins wird? Gesucht ist also $E(n)$, der Erwartungswert für n, wenn $\sum_{i=1}^{n} a_i > 1$ und $\sum_{i=1}^{n-1} a_i < 1$ ist.

Dieses Problem wurde bei der Putnam–Prüfung 1958 als Aufgabe A3 gestellt.

```
Resultate = {}; Versuchmax = 1000000;
For[Test = 1, Test ≤ 10, Test++,
 n = 0; For [Versuch = 1, Versuch ≤ Versuchmax, Versuch++,
  k = 0; Summe = 0;
  While[Summe ≤ 1, Summe = Summe + RandomReal[]; k++];
  n = n + k;];
Wert = 1. * n / Versuchmax; AppendTo[Resultate, {Test, Wert}]]
```

Dazu kann zuerst einmal eine Simulation mit z. B. zehn Tests durchgeführt werden, wobei in jedem Test z. B. eine Million Versuche durchgeführt werden und der dabei erzielte Mittelwert $n(T)$ berechnet wird. Das nebenstehende Programm leistet genau dies.

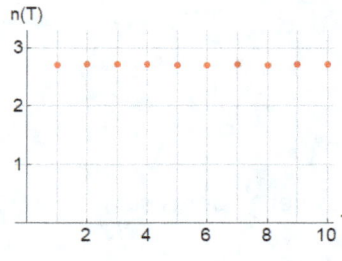

Die 10 Resultate sind in der links stehenden Figur graphisch wiedergegeben. Es fällt auf, dass diese Mittelwerte alle in der Gegend von etwa 2.72 liegen, weshalb die Vermutung naheliegt, dass $E(n) = e \approx 2.71828...$, also gleich der Euler'schen Zahl e, sein könnte.

Das ist in der Tat der Fall. Für den Erwartungswert gilt: $E(n) = \sum_{k=1}^{\infty} k \cdot P(S = k)$. Die Wahrscheinlichkeit $P(S = k)$ ist dabei $P(S > k - 1) - P(S > k + 1)$. Obige Summe vereinfacht sich teleskopartig zu

$$E(n) = \sum_{k=1}^{\infty} k \cdot P(S = k) = \underbrace{P(S > 0)}_{=1} + \underbrace{P(S > 1)}_{=1} + P(S > 2) + P(S > 3) + ... \ .$$ Die Wahrscheinlichkeit

$P(S > 2)$ kann geometrisch interpretiert werden als Flächenanteil an einem Einheitsquadrat in einem $x - y -$ Koordinatensystem mit $0 < x < 1, \quad 0 < y < 1, \quad x + y < 1$, was gerade gleich $\frac{1}{2}$ ist.

Analog kann $P(S > 3)$ geometrisch interpretiert werden als Volumenanteil an einem Einheitswürfel n einem $x - y - z -$ Koordinatensystem mit $0 < x < 1, \quad 0 < y < 1, \quad 0 < z < 1, \quad x + y + z < 1$, was einem Tetraeder mit einem Volumenanteil $\frac{1}{3!}$ entspricht. Für $P(S > m)$ ergibt sich allgemein der Volumenanteil eines $m -$ dimensionalen Simplexes am $m -$ dimensionalen Einheitswürfel, was gleich

$\frac{1}{m!}$ ist. Damit wird $E(n) = \sum_{k=1}^{\infty} k \cdot P(S = k) = 1 + 1 + \frac{1}{2!} + \frac{1}{3!} + \frac{1}{4!} + ... \ .$ Das ist aber gerade gleich der

Reihenentwicklung von $e^x = 1 + x + \frac{x^2}{2!} + \frac{x^3}{3!} + \frac{x^4}{4!} + ...$ für $x = 1$. Damit ist gezeigt: $\boxed{E(n) = e}$.

Zwei Kreise im Rechteck

Ein Rechteck wird durch eine Diagonale in zwei kongruente Dreiecke aufgeteilt. Diesen Dreiecken werden ihre Inkreise einbeschrieben, die beide je einen Radius r haben. Wie muss das Verhältnis der Rechteckseiten gewählt werden, damit die beiden Inkreise zusammen genau so gross sind wie die restliche Fläche des Rechtecks?

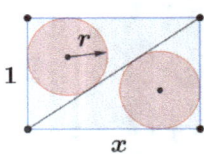

Ohne Einschränkungen der Allgemeinheit kann für eine Rechteckseite die Länge 1 gewählt werden, während die andere Seite die gesuchte Länge x hat.

Die Bedingung lautet, dass $2\pi r^2 = 1 \cdot x - 2\pi r^2$ sein soll. Daraus folgt, dass $r = \sqrt{\dfrac{x}{4\pi}}$ ist. Der Inhalt A_Δ eines dieser Dreiecke mit den Dreiecksseiten 1, x und $\sqrt{1+x^2}$ kann einerseits als halbes Rechteck, andererseits aber auch mit den Seiten und dem Inkreisradius r berechnet werden. Es gilt:

$$A_\Delta = \frac{1}{2} \cdot 1 \cdot x \underset{\text{Gl.*}}{=} \frac{1}{2} \cdot \underbrace{\sqrt{\frac{x}{4\pi}}}_{=r} \cdot \left(1 + x + \sqrt{1+x^2}\right).$$

Diese Gleichung Gl.* muss nun nur noch (!) nach x aufgelöst werden, was neben der Lösung $x_1 = 0$ die weiteren Lösungen $x_2 = \dfrac{(2\pi-1)^2 + \sqrt{(2\pi-1)^4 - 64\pi^2}}{8\pi} \approx 1.5936991$ und

$x_3 = \dfrac{(2\pi-1)^2 - \sqrt{(2\pi-1)^4 - 64\pi^2}}{8\pi} \approx 0.6274710$ ergibt – *Mathematica* sei Dank!

P.S.: Gl. * lässt sich zur äquivalenten Gleichung $\left(4\pi \cdot x^2 - (2\pi-1)^2 \cdot x + 4\pi\right) \cdot x = 0$ vereinfachen!

Für eine groben Überprüfung (mit Rundungsfehlern...!):

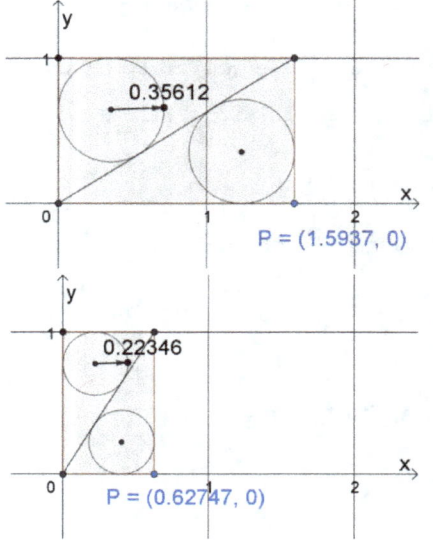

In[3]:= **2 * Pi * 0.35612^2**
Out[3]= 0.796843

In[4]:= **1.5937 - 2 * Pi * 0.35612^2**
Out[4]= 0.796857

Alle Verhältnisse $x_1 : 1$

$x_2 : 1$ und $x_3 : 1$ erfüllen die geforderte Bedingung!

In[5]:= **2 Pi * 0.22346^2**
Out[5]= 0.313747

In[7]:= **0.62747 - 2 * Pi 0.22346^2**
Out[7]= 0.313723

Beachte, dass x_3 der Kehrwert von x_2 ist!

Ich danke meinem hoch geschätzten Kollegen und Freund Heinz Schenkel für diese nette Aufgabe!

Inkreis– zu Dreiecks–Fläche im rechtwinkligen Dreieck

Hier wird das Verhältnis des Flächeninhaltes des Inkreises eines rechtwinkligen Dreiecks zum Flächeninhalt dieses Dreiecks angeschaut. Wie gross kann dieses Verhältnis maximal werden?

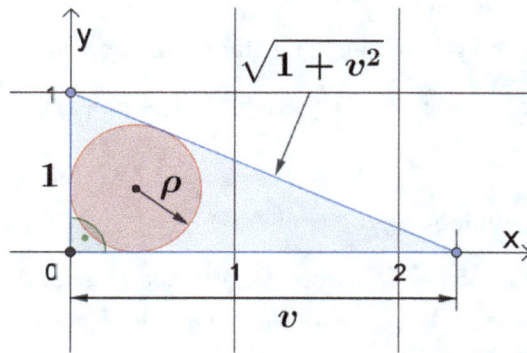

In der nebenstehenden Figur ist ein rechtwinkliges Dreieck mit Katheten 1 und v mit seinem Inkreis mit Radius

$$\rho = \frac{v \cdot 1}{1 + v + \sqrt{1 + v^2}},$$

der sich aus der Flächenberechnung des Dreiecks

$$A_\Delta = \frac{1}{2} \cdot v \cdot 1 \text{ resp. } A_\Delta = \frac{1}{2} \cdot \rho \cdot \left(1 + v + \sqrt{1 + v^2}\right) \text{ sofort}$$

angeben lässt.

Das Flächenverhältnis $q(v) = \dfrac{\text{Inhalt des Inkreises}}{\text{Inhalt des Dreiecks}}$ wird damit $q(v) = \dfrac{\pi \cdot \rho^2}{\dfrac{1}{2} \cdot v \cdot 1} = \dfrac{2\pi \cdot v}{\left(1 + v + \sqrt{1 + v^2}\right)^2}$.

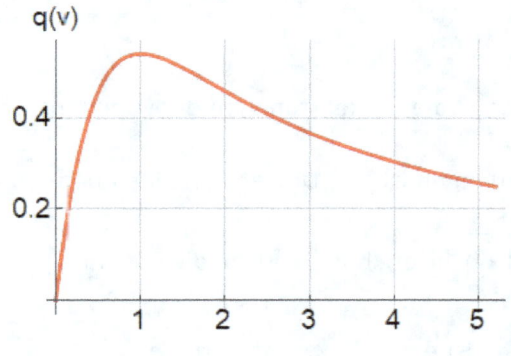

Wo wird dieses Verhältnis maximal?

In der nebenstehenden Figur ist der Graph der Funktion $q(v)$ wiedergegeben. Diese Funktion hat offenbar ein Maximum bei $v = 1$. Das entspricht einem rechtwinklig–gleichschenkligen Dreieck – was auch von Anfang an hätte vermutet werden können!

Das maximal mögliche Flächenverhältnis wird damit

$$q(1) = \frac{2\pi}{\left(2 + \sqrt{2}\right)^2} = \frac{\pi\left(2 - \sqrt{2}\right)^2}{2} \approx 53.9\%,$$

denn im rechtwinklig–gleichschenkligen Dreieck mit Katheten 1 ist die Dreiecksfläche $A_\Delta = \dfrac{1}{2}$ und

der Inkreisradius $\rho = \dfrac{1}{2 + \sqrt{2}}$.

Die oben angegebene Vermutung war richtig, denn $q'(v) = -\dfrac{2\pi\left(v - 1\right)}{\sqrt{1 + v^2} \cdot \left(1 + v + \sqrt{1 + v^2}\right)^2}$ wird genau

für $v = 1$ gleich 0. Und $q(v = 1)$ ergibt genau den oben bereits berechneten maximalen Verhältniswert.

Für Puristen: $q''(v = 1) \approx -0.38114 < 0$: An der Stelle $v = 1$ hat die Funktion $q(v)$ tatsächlich ein Maximum.

Ein einfaches Integral mit Logarithmen

Welchen Wert hat ist das bestimmte Integral $\int\limits_{-1}^{1} f(x)\, dx = \int\limits_{-1}^{1} \underbrace{\ln\left(x+\sqrt{1+x^2}\right)}_{=f(x)} dx$?

Natürlich kann dies über die Berechnung einer Stammfunktion geschehen. Eine Stammfunktion von $f(x)$ ist die Funktion $F(x) = x \cdot \ln\left(x+\sqrt{1+x^2}\right) - \sqrt{1+x^2}$, und numerisch ergibt $F(1)-F(-1)$ interessanterweise den Wert 0.

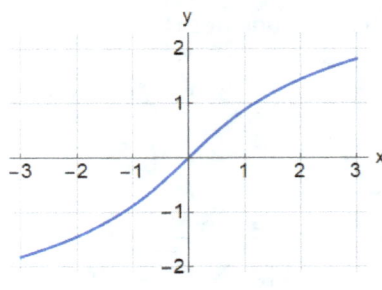

Hätte dies auch anders gefunden werden können?

In der Figur links ist der Graph der Funktion $f(x)$ wiedergegeben. Es scheint, dass diese Funktion eine **ungerade** Funktion ist, für die also für alle x gilt: $f(x) = -f(-x)$.

Wenn gezeigt werden kann, dass dies zutrifft, dann ist sofort klar, dass jedes Integral $\int\limits_{-a}^{a} \underbrace{\ln\left(x+\sqrt{1+x^2}\right)}_{=f(x)} dx$, mit beliebigen, aber

entgegengesetzten Grenzen $-a$ und a, gleich Null werden muss.

Eine erste Erkenntnis ist die, dass $f(x) = \operatorname{arcsinh}(x)$ ist. Das ist die Umkehrfunktion der Funktion $x = \sinh(y) := \dfrac{e^y - e^{-y}}{2}$, die offensichtlich ungerade ist, und damit ist ihre Umkehrfunktion ebenfalls ungerade. Der Zusammenhang $\operatorname{arcsinh}(x) = \ln\left(x+\sqrt{1+x^2}\right)$ ergibt sich, wenn die Gleichung

$x = \dfrac{e^y - e^{-y}}{2}$ nach y aufgelöst wird. Eine zweite Möglichkeit ist es, $-f(x)$ umzuformen:

$-f(x) = (-1)\cdot \ln\left(x+\sqrt{1+x^2}\right) = \ln\left(\left(x+\sqrt{1+x^2}\right)^{-1}\right) = \ln\left(\dfrac{1}{\left(x+\sqrt{1+x^2}\right)}\right)$. Jetzt wird das Argu-

ment des Logarithmus mit $x-\sqrt{1+x^2}$ erweitert:

$-f(x) = \ln\left(\dfrac{1}{\left(x+\sqrt{1+x^2}\right)} \cdot \dfrac{\left(x-\sqrt{1+x^2}\right)}{\left(x-\sqrt{1+x^2}\right)}\right) = \ln\left(\dfrac{x-\sqrt{1+x^2}}{-1}\right) = \ln\left(-x+\sqrt{1+x^2}\right) = f(-x)$. Das

ist der Beweis, dass $-f(x) = f(-x)$ ist: $f(x) = \ln\left(x+\sqrt{1+x^2}\right)$ ist eine ungerade Funktion.

Oder viel einfacher: $\underbrace{\ln\left(x+\sqrt{1+x^2}\right)}_{=f(x)} + \underbrace{\ln\left(-x+\sqrt{1+x^2}\right)}_{=f(-x)} = \ln\left(-x^2+1+x^2\right) = \ln(1) = 0$:

Das besagte Integral ist darum gleich Null.

Powell's Paradox mit der Leibniz–Reihe für π

Die Taylor–Reihe für die Arcustangens–Funktion lautet:

$$\arctan(x) = \frac{x}{1} - \frac{x^3}{3} + \frac{x^5}{5} - \frac{x^7}{7} + \ldots - \ldots$$

Darum wird $\arctan(1) = \frac{\pi}{4} = \frac{1}{1} - \frac{1}{3} + \frac{1}{5} - \frac{1}{7} + \ldots - \ldots$ und damit $\pi = \frac{4}{1} - \frac{4}{3} + \frac{4}{5} - \frac{4}{7} + \ldots - \ldots$ .Diese

Reihe wird normalerweise Leibniz zugeschrieben. Die Reihe konvergiert natürlich, aber e gentlich 'ziemlich langsam'. Weiter ergibt sich ein interessantes Phänomen, das nach seinem Entdecker, dem Mathematiker Martin Powell, benannt ist.

In der folgenden Grafik sind die ersten 40 Stellen von π wiedergegeben, und darunter die ersten 40

Stellen der Summe $\pi_L = \sum_{k=1}^{10^6} (-1)^{k-1} \cdot \frac{4}{2k-1}$ von einer Million Terme der Leibniz'schen Reihe. Als

dritte Zeile ist die Differenz dieser beiden Zahlen wiedergegeben:

$$\pi = 3.1415926535897932384626433832795028419 7$$
$$\pi_L = 3.1415916535897932387126433832791903841 97$$
$$\Delta = 0.0000009999999999997500000000003125000 00$$

Das Paradox besteht darin, dass nach sechs Stellen genau eine Stelle einmal falsch ist, dahinter aber wieder alle Stellen richtig sind, was sich später mit zwei Stellen und dann mit 4 Stellen wiederholt. Very strange! Erwartet worden wäre doch, dass die endliche Summe in den ersten paar Ziffern mit π übereinstimmt, und ab diesen korrekten Stellen in sozusagen **keiner** Stelle mehr mit den Stellen von π übereinstimmt!

Als Beispiel ist unten der Vergleich wiedergegeben zwischen den ersten 40 Ziffern der Euler'schen

Zahl e und den ersten 40 Ziffern ihrer mit 21 Summanden abgebrochen Taylorsumme $e_T = \sum_{k=0}^{20} \frac{1}{k!}$.

Diese Summe zeigt das erwartete Verhalten: In den ersten 20 Ziffern stimmen diese Zahlen überein. Danach stimmen sie höchstens noch zufällig (s. blaue Ziffern!) einmal in einer Ziffer überein:

$$e = 2.71828182845904523536028747135266249775 7$$
$$e_T = 2.71828182845904523533978449066641588614 6$$
$$\Delta = 0.00000000000000000002050298068624661161 1$$

Der 'Mathologer' hat sich mit diesem bei der Leibniz–Reihe auftretenden erstaunlichen Phänomen befasst und dieses in einem Video (https://www.youtube.com/watch?v=ypxKzWi-Bwg weiter erklärt.

Eine nette Summe: $\sum_{k=1}^{n} \dfrac{1}{k\cdot(k+1)}$.

$Table\left[1/k/(k+1),\{k,1,8\}\right]=\left\{\dfrac{1}{2},\dfrac{1}{6},\dfrac{1}{12},\dfrac{1}{20},\dfrac{1}{30},\dfrac{1}{42},\dfrac{1}{56},\dfrac{1}{72}\right\}$

$Table\left[Sum\left[1/k/(k+1),\{k,1,n\}\right],\{n,1,8\}\right]=\left\{\dfrac{1}{2},\dfrac{2}{3},\dfrac{3}{4},\dfrac{4}{5},\dfrac{5}{6},\dfrac{6}{7},\dfrac{7}{8},\dfrac{8}{9}\right\}$

Das ist immer $\dfrac{n}{n+1}$!

Beh.: $\sum_{k=1}^{n}\dfrac{1}{k\cdot(k+1)}=\dfrac{n}{n+1}\ \forall n\in\mathbb{N}$. **Bew.:** $n=1:\dfrac{1}{1\cdot(1+1)}=\dfrac{1}{2}\ \checkmark$. Sei $\sum_{k=1}^{m}\dfrac{1}{k(k+1)}=\dfrac{m}{m+1}$ für ein

gewisses $m\in\mathbb{N}$. Dann ist für $m^{*}:=m+1:\ \sum_{k=1}^{m^{*}}\dfrac{1}{k(k+1)}=\dfrac{m}{m+1}+\dfrac{1}{(m+1)(m+2)}=\dfrac{m+1}{m+2}=\dfrac{m^{*}}{m^{*}+1}$.

$Table\left[Sum\left[1/k/(k+1),\{k,1,10\wedge k\}\right],\{k,1,6\}\right]=\left\{\dfrac{10}{11},\dfrac{100}{101},\dfrac{1000}{1001},\dfrac{10000}{10001},\dfrac{100000}{100001},\dfrac{1000000}{1000001}\right\}$:

Bis zu einer Million stimmt's, dann wird's wohl immer stimmen.

$Table\left[\{n=RandomInteger\left[\{1,100\}\right],Sum\left[1/k/(k+1),\{k,1,n\}\right]\},\{t,1,8\}\right]=$

$\left\{\left\{15,\dfrac{15}{16}\right\},\left\{87,\dfrac{87}{88}\right\},\left\{75,\dfrac{75}{76}\right\},\left\{45,\dfrac{45}{46}\right\},\left\{3,\dfrac{3}{4}\right\},\left\{58,\dfrac{58}{59}\right\},\left\{90,\dfrac{90}{91}\right\},\left\{9,\dfrac{9}{10}\right\}\right\}$

Stimmt ja auch mit beliebigen Zufalls-zahlen: Also stimmt's!

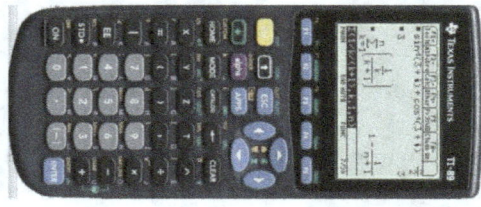

Der TI−89, der kann's!

Mathematica kann's auch:

In[1]:= **Simplify[Sum[1 / (k * (k + 1)), {k, 1, n}]]**

Out[1]= $\dfrac{n}{1+n}$

Genial: Als Teleskopsumme!

$\dfrac{1}{2}+\dfrac{1}{6}+\dfrac{1}{12}+\dfrac{1}{20}+...+\dfrac{1}{n\cdot(n+1)}=\left(1-\dfrac{1}{2}\right)+\left(\dfrac{1}{2}-\dfrac{1}{3}\right)+\left(\dfrac{1}{3}-\dfrac{1}{4}\right)+...+\left(\dfrac{1}{n}-\dfrac{1}{n+1}\right)=1-\dfrac{1}{n+1}$.

Gleichung der Mittelsenkrechten

Zwei Punkte in der Ebene seien gegeben durch ihre kartesischen Koordinaten: $A(x_1, y_1)$ und

$B(x_2, y_2)$. Wie lautet die Gleichung ihrer Mittelsenkrechten?

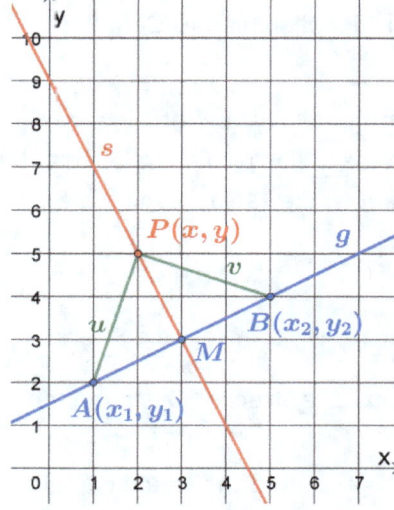

In der links stehenden Figur ist eine mögliche Konfiguration für diese Aufgabe wiedergegeben. Wir gehen davon aus, dass $x_1 \neq x_2$ und $y_1 \neq y_2$ ist. Andernfalls ergeben sich leicht zu behandelnde Spezialfälle.

Das übliche Vorgehen besteht darin, zunächst einmal die Gleichung der Verbindungsgeraden g beider Punkte zu finden. Ihre

Steigung ist $m_g = \dfrac{y_2 - y_1}{x_2 - x_1}$, und ausserdem enthält sie den Punkt

(z. B.) $A(x_1, y_1)$. Mit dem Ansatz $g: y = \dfrac{y_2 - y_1}{x_2 - x_1} \cdot x + q_g$ ergibt

sich die Gleichung $g: y = \dfrac{y_2 - y_1}{x_2 - x_1} \cdot x + \dfrac{x_2 \cdot y_1 - x_1 \cdot y_2}{x_2 - x_1}$, oder in

symmetrisierter Form: $g: (y_2 - y_1) \cdot x - (x_2 - x_1) \cdot y + x_1 \cdot y_2 - x_2 \cdot y_1 = 0$.

Die Steigung der Mittelsenkrechten ist $m_s = -\dfrac{x_2 - x_1}{y_2 - y_1}$, und sie enthält den Mittelpunkt

$M\big((x_1 + x_2)/2, (y_1 + y_2)/2\big)$, was zur Gleichung $s: y = -\dfrac{x_2 - x_1}{y_2 - y_1} \cdot x + \dfrac{x_1^2 - x_2^2 + y_1^2 - y_2^2}{2 \cdot (y_1 - y_2)}$ führt.

In symmetrisierter Form ist dies

$$\boxed{s: (x_1 - x_2) \cdot x + (y_1 - y_2) \cdot y + \frac{1}{2} \cdot \left(x_2^2 - x_1^2 + y_2^2 - y_1^2\right) = 0}.$$ (Gl. *)

Hätte dies auch einfacher gefunden werden können?

Ja, z. B. so: Die Mittelsenkrechte ist die Menge aller Punkte $P(x, y)$, für die die Abstandsquadrate zu

A und B gleich sind: $u^2 = v^2$, was mit den allgemeinen Koordinaten auf die Gleichung

$(x - x_1)^2 + (y - y_1)^2 - (x - x_2)^2 - (y - y_2)^2 = 0$ führt. Ausmultipliziert und vereinfacht erhalten wir

so mit viel kleinerem Aufwand die oben bereits angegebene Gleichung Gl. * für die Mittelsenkrechte

s.

Werden die Werte $x_1 = 1, y_1 = 2, x_2 = 5, y_2 = 4$ in der Gleichung Gl. * eingesetzt, ergibt sich

$s: y = -2x + 9$; dies ist die erwartete Gleichung der Mittelsenkrechten s in der oben graphisch

wiedergegebenen konkreten Situation.

In welcher Höhe treffen sich die Geraden?

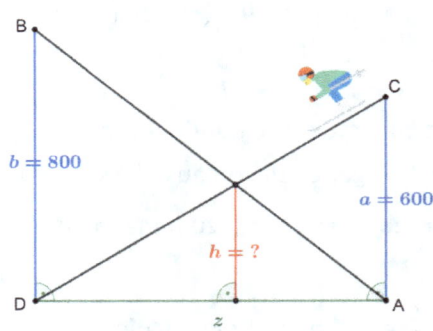

Siehe nebenstehende Skizze:

Ein Skifahrer fährt vom Punkt C zum Punkt D. In welcher Höhe h überquert er den Skilift, der von A nach B führt? Der Weg des Skifahrers und der Skilift sollen hier als Geraden aufgefasst werden.

Diese Aufgabe ist nicht schwierig; sie ist aber vor allem darum nett, weil sie auf mindestens drei verschiedene Arten gelöst werden kann. Interessant ist die Tatsache, dass die Länge z der Grundstrecke AD dabei keine Rolle spielt!

Variante 1: Mit Geradengleichungen.

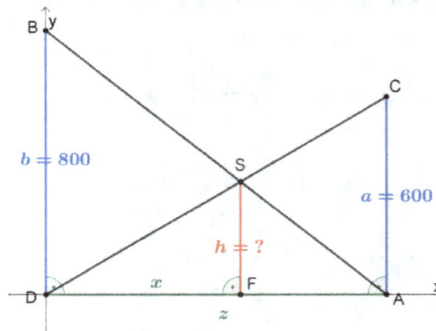

Im links gewählten x–y–Koordinatensystem liegt die Strecke AB auf der Geraden $y = b - \dfrac{b}{z} \cdot x$. Die Strecke CD liegt auf der Geraden mit der Gleichung $y = \dfrac{a}{z} \cdot x$. Im Schnittpunkt S gilt:

$b - \dfrac{b}{z} \cdot x = \dfrac{a}{z} \cdot x$, womit $x = \dfrac{b \cdot z}{a+b}$ wird. Eingesetzt in eine beliebige der beiden Geradengleichungen ergibt

$y = h = \dfrac{a \cdot b}{a+b}$. Mit den angegebenen Zahlen wird x etwa 57% von z , und h wird $\dfrac{2400}{7} \approx 343$.

Variante 2: Mit dem Zweiten Strahlensatz.

Mit den Bezeichnungen in der Skizze zur Variante 1 gilt gemäss dem zweiten Strahlensatz: $\dfrac{b}{z} = \dfrac{h}{z-x}$

und $\dfrac{a}{z} = \dfrac{h}{x}$. Die Lösung dieses Gleichungssystems ergibt die bereits gefundenen Terme für x und h .

Variante 3: Mit Vektorrechnung.

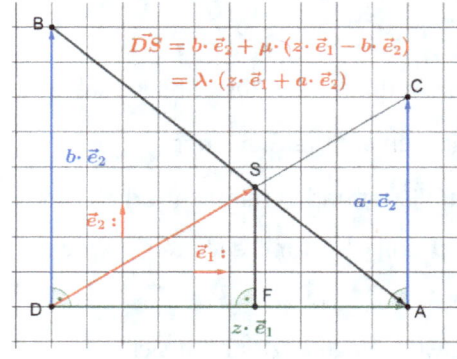

Der Vektor $\overrightarrow{DS}$ wird auf zwei verschiedene Arten dargestellt, wobei λ, μ zwei zunächst unbekannte Parameter sind. Aus der in der Figur angegebenen Gleichung folgt:

$\vec{e}_1 \cdot (\mu \cdot z - \lambda \cdot z) = \vec{e}_2 \cdot (\lambda \cdot a - b + \mu \cdot b)$. Weil $\vec{e}_1$ und $\vec{e}_2$ linear unabhängig sind, müssen die Koeffizienten Null sein.

Daraus folgt, dass $\lambda = \mu = \dfrac{b}{a+b}$ ist, und damit

$$\overrightarrow{DS} = \dfrac{b}{a+b} \cdot \left(z \cdot \vec{e}_1 + a \cdot \vec{e}_2 \right), \left| \overrightarrow{DF} \right| = \dfrac{b}{a+b} \cdot z \text{ und}$$

$h = \left| \overrightarrow{FS} \right| = \dfrac{a \cdot b}{a+b}$, wie dies oben schon auf zwei andere Arten gefunden worden ist:☺!

Teleskopreihen

Eine Teleskopreihe hat die Form $\sum\limits_{k=1}^{n}\big(f(k+1)-f(k)\big)$, mit einer beliebigen Funktion $f(k)$. Ausgeschrieben ist diese Summe, beispielsweise für $n=4$, wie folgt:

$$\big(f(2)-f(1)\big)+\big(f(3)-f(2)\big)+\big(f(4)-f(3)\big)+\big(f(5)-f(4)\big).$$

Hier addieren sich die meisten Terme zu Null, und übrig bleibt $f(5)-f(1)$, oder allgemein $f(n+1)-f(1)$. Damit lassen sich oft kompliziert aussehende Reihen sehr einfach berechnen.

1. Beispiel: $S=\sum\limits_{k=1}^{n}\big(3k^2+3k+1\big)$. Diese Summe ist gleich $S=3\sum\limits_{k=1}^{n}k^2+3\sum\limits_{k=1}^{n}k+3\sum\limits_{k=1}^{n}1$. Die Formeln

für die Summen der Potenzen von k sind bekannt. Darum ist

$S=3\cdot\dfrac{n\cdot(n+1)\cdot(2n+1)}{6}+3\cdot\dfrac{n\cdot(n+1)}{2}+n$. Ausmultipliziert und vereinfacht ergibt dies

$S=n^3+3n^2+3n$. S ist aber auch eine Teleskopreihe, weil $3k^2+3k+1=(k+1)^3-k^3$ ist! Darum

ist $S=\sum\limits_{k=1}^{n}\big(3k^2+3k+1\big)=\sum\limits_{k=1}^{n}\big((k+1)^3-k^3\big)$ und damit gleich $(n+1)^3-1$, was natürlich ebenfalls

wiederum gleich n^3+3n^2+3n ist.

2. Beispiel: $S=\sum\limits_{k=1}^{n}\dfrac{1}{k\cdot(k+1)}$. Hier ist $\dfrac{1}{k\cdot(k+1)}=\dfrac{1}{k}-\dfrac{1}{k+1}$. Darum ist

$S=\dfrac{1}{2}+\dfrac{1}{6}+\dfrac{1}{12}+\dfrac{1}{20}+...+\dfrac{1}{n\cdot(n+1)}$ das gleiche wie

$\left(1-\dfrac{1}{2}\right)+\left(\dfrac{1}{2}-\dfrac{1}{3}\right)+\left(\dfrac{1}{3}-\dfrac{1}{4}\right)+\left(\dfrac{1}{4}-\dfrac{1}{5}\right)+...+\left(\dfrac{1}{n}-\dfrac{1}{n+1}\right)$, was sofort $1-\dfrac{1}{n+1}$ oder $\dfrac{n}{n+1}$ ergibt.

3. Beispiel: $S=\sum\limits_{k=1}^{100}\big(\sin(k+1)-\sin(k)\big)$. Es wäre recht mühsam, diese 100 Summanden in einen

Taschenrechner einzugeben! Es ergäbe aber $S\approx-0.389445198$. Andererseits ist S eine Teleskopsumme mit dem Wert $\sin(101)-\sin(1)\approx0.452025787-0.841470985$, was bestens passt.

4. Beispiel: $S=\sum\limits_{k=1}^{100}k$. Diese Summe hätte Gauss auch als $S=\sum\limits_{k=1}^{100}\left(\underbrace{\dfrac{(k+1)^2}{2}-\dfrac{k^2}{2}}_{=k+1/2}\right)-\sum\limits_{k=1}^{100}\dfrac{1}{2}$ berechnen

können, was $\left(\dfrac{101^2}{2}-\dfrac{1^2}{2}\right)-50=\underbrace{\dfrac{10201}{2}-\dfrac{1}{2}}_{=5100}-50=5050$ ergeben hätte, also natürlich gleich viel

wie gemäss dem ursprünglichen (und einfacheren!) Algorithmus von Gauss:

$$S=\sum\limits_{k=1}^{100}k=\underbrace{(1+101)+(2+99)+...+(50+51)}_{\text{50 Mal die gleiche Summe!}}=50\cdot101=5050.$$

Mittelsenkrechte Ebene

Mit $A(x_A, y_A, z_A)$ und $B(x_B, y_B, z_B)$ seien zwei verschieden Punkte mit ihren kartesischen Koordinaten gegeben. Wie lautet die Gleichung ihrer mittelsenkrechten Ebene E_{MS} ?

Ein Normalenvektor dieser Ebene ist gegeben durch $\vec{n} = \begin{pmatrix} x_B - x_A \\ y_B - y_A \\ z_B - z_A \end{pmatrix}$. Dieser wird beim konkreten

Vorgehen vorteilhafterweise durch den ggT seiner Komponenten geteilt. Die Gleichung der Ebene E_{MS} in kartesischer Form lautet allgemein:

$$E_{MS} : (x_B - x_A) \cdot x + (y_B - y_A) \cdot y + (z_B - z_A) \cdot z = q$$

Die Konstante q muss so gewählt werden, dass der Mittelpunkt

$$M\big((x_A + x_B)/2, (y_A + y_B)/2, (z_A + z_B)/2\big)$$

diese Ebenengleichung erfüllt. Dies ist dann der Fall, wenn

$$q = \frac{1}{2} \cdot \left(x_B^{\,2} - x_A^{\,2} + y_B^{\,2} - y_A^{\,2} + z_B^{\,2} - z_A^{\,2} \right).$$

Die mittelsenkrechte Ebene ist – wie im zweidimensionalen Fall – die Menge aller Punkte $P(x, y, z)$, für die die Abstandsquadrate zu A und zu B gleich sind. Das erlaubt die schnelle Herleitung dieser Gleichung:

$$E_{MS} : \quad (x - x_A)^2 + (y - y_A)^2 + (z - z_A)^2 - \left((x - x_B)^2 + (y - y_B)^2 + (z - z_B)^2 \right) = 0$$

In dieser Gleichung fallen die Quadrate von x, y und z weg; die Gleichung wird linear in allen diesen drei Variablen, wie dies für eine Ebenengleichung sein muss; und sie stimmt natürlich mit der zuerst gefundenen Gleichung überein.

Beispiel: $A(1, 2, 3), B(5, 6, 4)$

Lösung: $E_{MS} : 8x + 8y + 2z - 63 = 0$. Der Mittelpunkt $M\left(3, 4, 7/2\right)$ ist ja schon einmal in dieser

Ebene drin, weil $8 \cdot 3 + 8 \cdot 4 + 2 \cdot \dfrac{7}{2} - 63$ tatsächlich Null ergibt. Und der Vektor $\vec{n} = \begin{pmatrix} 8 \\ 8 \\ 2 \end{pmatrix}$ ist gleich

dem Doppelten des Vektors $\overrightarrow{AB}$, was gleich einem Normalenvektor dieser Ebene ist. Es passt alles!

Gleichung des Fasskreisbogens

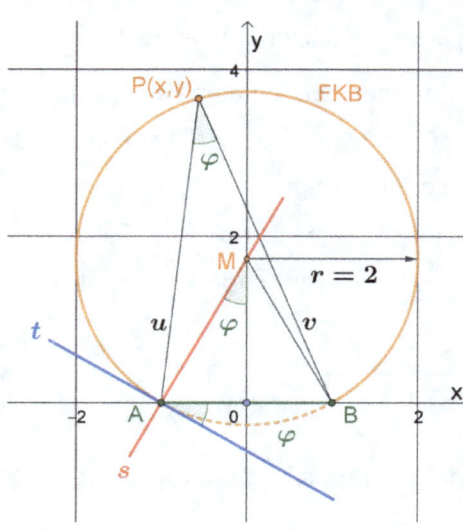

Über der Strecke $A(-1,0)$ und $B(1,0)$ wird der Fachkreisbogen (FKB) für einen Winkel φ gezeichnet. Gesucht ist die Gleichung des zugehörigen Kreises.

In der nebenstehenden Figur wurde der (obere) FKB für einen Winkel $\varphi = 30°$ eingezeichnet.

In einer möglichen Konstruktion des FKB wird z. B. im Punkt A ein Sehnen–Tangentenwinkel der Grösse φ eingezeichnet, der bekanntlich gleich dem halben Zentriwinkel OMA und gleich dem Peripheriewinkel BPA (für jeden Peripheriepunkt P !) ist. Die dazugehörige Tangente t hat die Gleichung

$$y = -\tan(\varphi) \cdot (x+1) \,.$$

Die zu t senkrechte Gerade s durch A hat die Gleichung

$$y = \frac{1}{\tan(\varphi)} \cdot (x+1) \,.$$

Die Geraden $x=0$ und s schneiden sich im Mittelpunkt $M\left(0, \dfrac{1}{\tan(\varphi)}\right)$ des FKB. Der Radius r des

FKB ist gleich der Länge der Strecke AM, also ist $r = \sqrt{1 + \dfrac{1}{\tan(\varphi)^2}} = \dfrac{1}{\sin(\varphi)}$. In der Skizze wurde

$\varphi = 30°$ gewählt, wodurch sich der Mittelpunkt zu $M\left(0, \sqrt{3}\right)$ und der Radius zu $r = 2$ ergibt.

Allgemein ist die Gleichung des Kreises, auf dem der (obere) FKB liegt, gegeben durch

$$\boxed{FKB: \quad x^2 + \left(y - \frac{1}{\tan(\varphi)}\right)^2 = 1 + \frac{1}{\tan(\varphi)^2} = \frac{1}{\sin(\varphi)^2}} \quad \text{(Gl. *)}$$

Für den Spezialfall $\varphi = 90°$ geht $\dfrac{1}{\tan(\varphi)}$ gegen 0, und das Fasskreisbogenpaar geht über in den Thaleskreis über der Strecke AB mit der Gleichung $x^2 + y^2 = 1$.

Eigentlich müsste sich die allgemeine Gleichung des FKB aus dem Kosinussatz herleiten lassen, wenn $P(x,y)$ gesetzt wird. Mit $u = \sqrt{(x+1)^2 + y^2}$ und $v = \sqrt{(x-1)^2 + y^2}$ sollte sich Gl. * aus der Gleichung $2^2 = u^2 + v^2 - 2 \cdot u \cdot v \cdot \cos(\varphi)$ ergeben! Vielleicht ist es dazu nötig, den $\cos(\varphi)$ durch $\tan(\varphi)$ auszudrücken: $\tan(\varphi) = \dfrac{\pm\sqrt{1 - \cos(\varphi)^2}}{\cos(\varphi)}$, resp. $\cos(\varphi) = \dfrac{1}{\pm\sqrt{1 + \tan(\varphi)^2}}$.

Diese Herleitung wird auf der folgenden Seite skizziert.

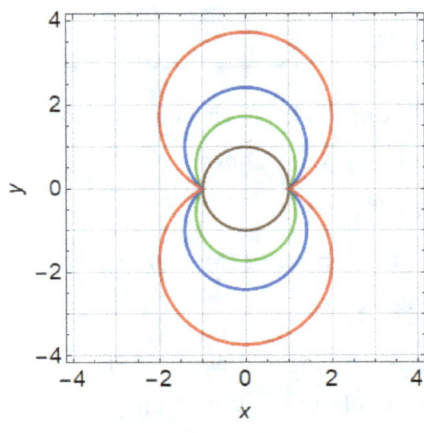

In der links wiedergegebenen Figur sind die Fasskreisbogenpaare über der Strecke $A(-1,0)$ $B(1,0)$ für die Winkel φ von 30°, 45°, 60° und 90° (von aussen nach innen) dargestellt.

Für einen Punkt $P(x, y)$, der irgendwo auf dem Fasskreisbogenpaar für den Winkel φ über der Strecke AB liegt, ergibt sich aus dem Kosinussatz die Gleichung

$$2^2 = u^2 + v^2 - 2 \cdot u \cdot v \cdot \cos(\varphi).$$

Wird diese vollständig in x und y ausgeschrieben, ergibt sich die Gleichung

$$\boxed{4 = (x-1)^2 + (x+1)^2 + 2y^2 - 2 \cdot \sqrt{(x-1)^2 + y^2} \cdot \sqrt{(x+1)^2 + y^2} \cdot \cos(\varphi)}\ \text{(Gl. *)}.$$

Für $\varphi = 90°$ wird $\cos(\varphi) = 0$, das Fasskreisbogenpaar wird zum Thaleskreis, und die Gleichung Gl. * vereinfacht sich zur erwarteten Gleichung des Thaleskreises: $x^2 + y^2 = 1$.

Für $0 < \varphi < 90°$ beschreibt die Gleichung Gl. * aber das **gesamte zugehörige Fachkreisbogenpaar** für den Winkel φ, das nun kein Kreis mehr ist! Darum kann die Gleichung Gl. * auch nicht in eine (einzige) Kreisgleichung überführt werden. Auch die Mittelpunkte der Fasskreisbogen und deren Radien lassen sich daraus nicht so ohne weiteres herleiten. Die Gleichung Gl. * kann aber nach y aufgelöst werden. Es ergeben sich, z. B. für $\varphi = 30°$, die folgenden vier Lösungen für y als Funktion von x:

$$\left\{ -\sqrt{7 - x^2 - 2\sqrt{3}\sqrt{4 - x^2}},\ \sqrt{7 - x^2 - 2\sqrt{3}\sqrt{4 - x^2}},\ -\sqrt{7 - x^2 + 2\sqrt{3}\sqrt{4 - x^2}},\ \sqrt{7 - x^2 + 2\sqrt{3}\sqrt{4 - x^2}} \right\}.$$

Dabei wird $\cos(\varphi)$ quadriert: Weil die Identität $\cos(\varphi)^2 \equiv \cos(180° - \varphi)^2$ gilt, ist unter diesen vier Lösungen auch das Fasskreisbogenpaar für den Winkel $180° - \varphi$ mit dabei!

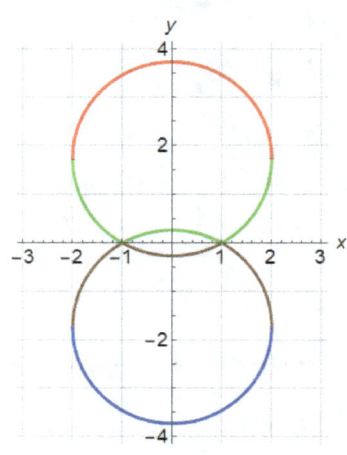

Ihre Graphen sind in der Figur links mit den entsprechenden Farben wiedergegeben. Die letzte Form, $y = \sqrt{7 - x^2 + 2\sqrt{3}\sqrt{4 - x^2}}$, kann auch als $y = \sqrt{(4 - x^2) + 2 \cdot \sqrt{3} \cdot \sqrt{4 - x} + 3} = \sqrt{\left(\sqrt{4 - x^2} + \sqrt{3}\right)^2}$ und damit als $y = \sqrt{4 - x^2} + \sqrt{3}$ geschrieben werden. Daraus wird $x^2 + \left(y - \sqrt{3}\right)^2 = 2^2$, was die Gleichung des Kreises ist, auf dem der rote Halbkreis liegt! Sein Radius ist 2 und die Koordinaten seines Mittelpunkts sind $M\left(0 / \sqrt{3}\right)$. Damit gilt: $\dfrac{1}{\tan(\varphi)} = \sqrt{3}$, also

$\tan(\varphi) = \dfrac{\sqrt{3}}{3}$, und somit $\varphi = \arctan\left(\dfrac{\sqrt{3}}{3}\right) = 30°$, wovon in diesem Beispiel ja auch ausgegangen worden war. Beachtenswert ist weiter die Tatsache, dass die Ableitungen der **ersten** und der **zweiten** dieser vier Funktionen an den Stellen $x = \pm 1$ je Sprungstellen aufweisen.

Die Wanderung um den Kegel

Auf dem Mantel eines Kegels, dessen Grundfläche einen Durchmesser von 10 cm hat und dessen Mantellinie 20 cm misst, sitzt auf halber Höhe im Punkt S eine Spinne. Sie krabbelt auf dem kürzesten Weg einmal um den Kegel herum zurück zu ihrem Ausgangspunkt. Wie lang ist dieser Weg?

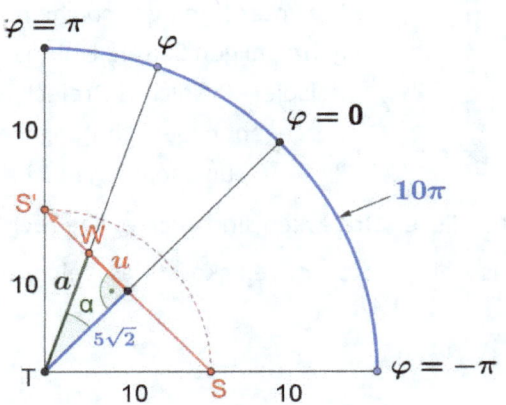

Die Längeneinheiten sind überall Zentimeter; diese werden hier in der Folge weggelassen.

Der kürzeste Weg führt nicht auf gleicher Höhe um den Kegel herum! Das wird sofort ersichtlich, wenn der Mantel des Kegels abgewickelt wird, wie dies in der nebenstehenden Figur dargestellt ist. Der kürzeste Weg von S nach S' (= S) liegt in der Abwicklung auf einer Strecke, die $10\sqrt{2} \approx 14.14$ lang ist. Ein kreisförmiger Weg auf gleicher Höhe um den Kegel herum wäre länger, nämlich $5\pi \approx 15.70$.

Aus der obigen Figur kann herausgelesen werden, dass der Winkel α auf der Abwicklung des Mantels einem Viertel des zugehörigen Winkels φ der Grundrissebene entspricht: $\alpha = \dfrac{\varphi}{4}$.

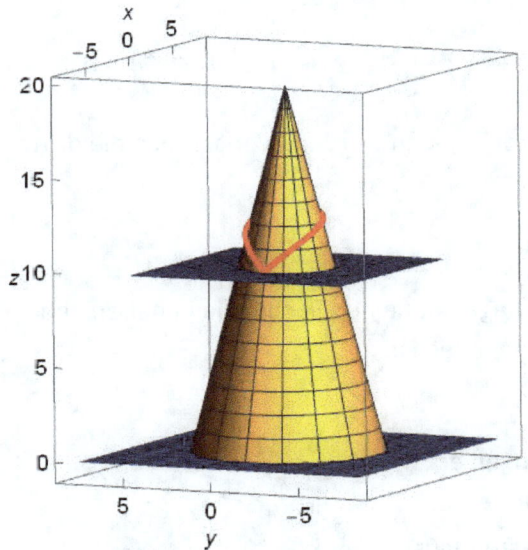

Die Länge der Strecke a auf einer Mantellinie von der Spitze T des Kegels bis zu einem Punkt W des kürzesten Weges ist vom Winkel φ abhängig:

$$a = a(\varphi) = \frac{5\sqrt{2}}{\cos(\varphi/4)}.$$

Jetzt wird etwas Vektorgeometrie angewendet: Die Spitze T des Kegels liegt auf einer Höhe $h = \sqrt{20^2 - 5^2} = 5\sqrt{15} \approx 19.36$ über seiner Grundfläche. Wir wählen ein Koordinatensystem, in welchem T die Koordinaten $T(0,0,5\sqrt{15})$ und ein Punkt G des Grundkreises die Koordinaten $G(5\cos(\varphi), 5\sin(\varphi), 0)$ hat. Ein Punkt W des kürzesten Weges kann nun leicht mit dem Vektor

$$\overrightarrow{OW} = \overrightarrow{OT} + \frac{a(\varphi)}{20} \cdot \left(\overrightarrow{OG} - \overrightarrow{OT} \right)$$

beschrieben werden, wodurch sich für $W = W(\varphi)$ die folgenden Koordinaten ergeben:

$$W\left(x = \frac{5\sqrt{2}}{4 \cdot \cos(\varphi/4)} \cdot \cos(\varphi), \quad y = \frac{5\sqrt{2}}{4 \cdot \cos(\varphi/4)} \cdot \sin(\varphi), \quad z = 5\sqrt{15} - \frac{5\sqrt{2} \cdot \sqrt{15}}{4 \cdot \cos(\varphi/4)} \right).$$

Diese Koordinaten beschreiben für $-\pi \le \varphi \le \pi$ den gesuchten kürzesten Weg der Spinne; dieser ist in der obigen räumlichen Darstellung in Rot wiedergegeben.

Dreiecke mit 'Umfang gleich Fläche'

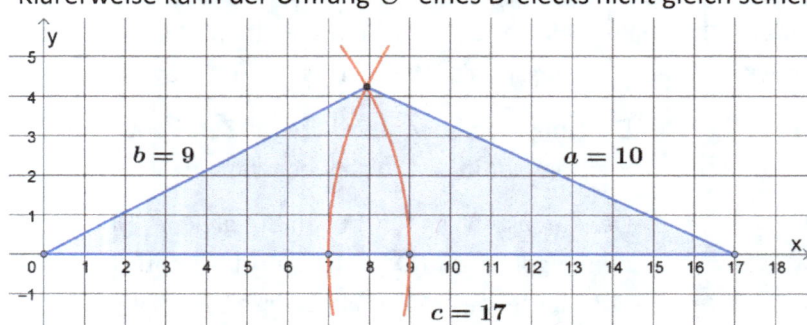

Klarerweise kann der Umfang U eines Dreiecks nicht gleich seinem Flächeninhalt A sein, nur schon wegen der Einheiten! Für die Masszahlen kann das allerdings gelten. Solche Dreiecke gibt es. Darunter sind auch solche mit ganzzahligen Seiten. Links ist als Beispiel ein solches Dreieck wiedergegeben. Sein Umfang ist $U = 36$, und sein Inhalt ist

gleich $A = \sqrt{18 \cdot (18-9) \cdot (18-10) \cdot (18-17)} = 36$. Unter diesen Dreiecken sind auch einige rechtwinklige, z. B. das Dreieck mit den Seiten 6, 8 und 10. Das kleinste dieser Dreiecke ist das gleichseitige

Dreieck mit den Seiten $a = \dfrac{\sqrt{3}}{4}$.

Natürlich wird für die Berechnung der Flächeninhalt dieser Dreieck die Formel von Heron eingesetzt:

$A = \sqrt{s \cdot (s-a) \cdot (s-b) \cdot (s-c)}$, mit $s = \dfrac{a+b+c}{2} = \dfrac{U}{2}$. Gesucht sind also Zahlen a, b und c, so

dass $A = U$ wird, oder $A^2 = U^2$. Ausgeschrieben ergibt dies den Zusammenhang

$$\frac{1}{16} \cdot \left(a^4 + b^4 + c^4\right) + a^2 + b^2 + c^2 + 2\left(ab + ac + bc\right) - \frac{1}{8} \cdot \left(a^2 b^2 + a^2 c^2 + b^2 c^2\right) = 0.$$

Zur Lösung dieser Gleichung können auch zwei Seiten vorgegeben werden, wonach sich die dritte ergibt, z. B. $\{a, b, c\} = \{7, 8, \approx 11.9652258\}$.

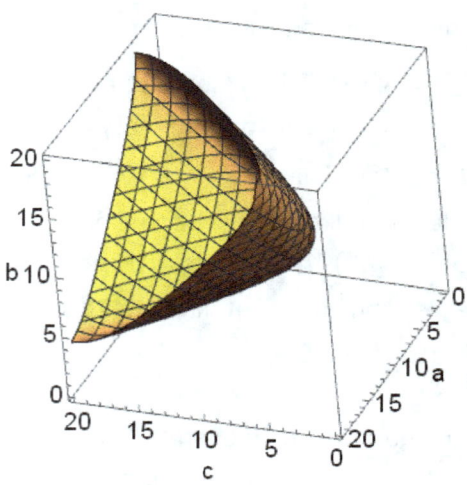

Die Lösungen liegen auf einer Fläche, die in nebenstehender Grafik wiedergegeben ist.

Weitere Lösungen ergeben sich für Dreiecke, die negative Seitenlängen haben, die hier aber nicht weiter in Betracht gezogen werden.

Rechts sind Flächen dargestellt, für die die

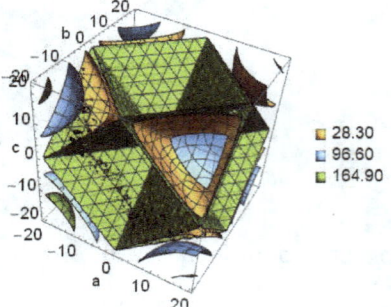

Differenz zwischen Dreiecksfläche und Dreiecksumfang gleich dem in der Legende angegebenen Wert ist.

Verteilung von Zufallszahlen

Bei Zufallszahlen gibt es eine bemerkenswerte Besonderheit: Wenn x, x_1 und x_2 drei Zufallszahlen aus dem Intervall $[0, 1]$ sind, dann sind die Verteilungen von $\sqrt{x}$ und von $\max(x_1, x_2)$ die gleichen!

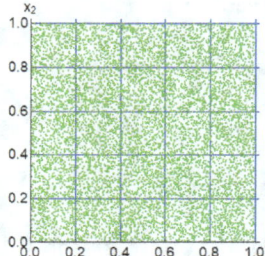

In der links wiedergegebenen Figur sind 10'000 Punkte gezeichnet, deren beide Koordinaten Zufallszahlen im Intervall [0, 1] sind.

Diese Grafik erlaubt schon die Vermutung, dass beide Zahlen x_1 und x_2 je in jedem Intervall $[k/10, (k+1)/10]$ für $k \in \{0, 1, 2, ..., 9\}$ im Wesentlichen etwa gleich häufig vorkommen könnten, und sie gibt Vertrauen in die 'Zufälligkeit' der von *Mathematica* berechneten (!) Zufallszahlen.

In einer Simulation mit 10'000 Zufallszahlen x wurde die Verteilung der Zahlen $z_1 = \sqrt{x}$ auf die

$$\begin{pmatrix} k: & 0 & 1 & 2 & 3 & 4 & 5 & 6 & 7 & 8 & 9 \\ H(k): & 97 & 287 & 470 & 736 & 840 & 1078 & 1234 & 1518 & 1804 & 1936 \end{pmatrix}$$

oben angegebenen Intervalle untersucht. Links stehen die Resultate. In einer weiteren

Simulation mit 10'000 Zufallszahlen x_1 und gleich vielen Zufallszahlen x_2 wurde die Verteilung der Zahlen $z_2 = \max(x_1, x_2)$ auf die gleichen Intervalle untersucht. Hier sind diese Resultate, die den obigen Zahlen ähneln:

$$\begin{pmatrix} k: & 0 & 1 & 2 & 3 & 4 & 5 & 6 & 7 & 8 & 9 \\ H(k): & 90 & 300 & 476 & 693 & 925 & 1074 & 1343 & 1512 & 1695 & 1892 \end{pmatrix}.$$

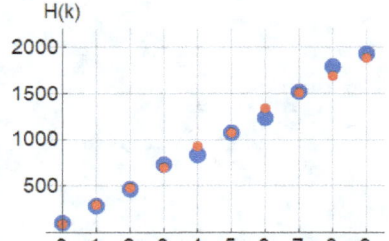

In der Figur links sind alle diese Werte im gleichen Diagramm graphisch dargestellt:

> Die Verteilungen dieser beiden Zahlen z_1 und z_2 sind gleich!

Zum **Beweis** betrachten wir die kumulierten Verteilungsfunktionen (CDF) beider Verteilungen. Es gilt: $P(\max(x_1, x_2) \leq r) = r^2$, wie sich dies aus der nebenstehenden Figur herauslesen lässt.

Weiter gilt: $P\left(\sqrt{x} \leq r\right) \Leftrightarrow P\left(x \leq r^2\right)$: Die zugehörigen CDF's, und damit die beiden Verteilungen selber, sind identisch! In analoger Weise sind auch die Verteilungen der Zahlen $z_1 = \sqrt[3]{x}$ und $z_2 = \max(x_1, x_2, x_3)$ die gleichen.

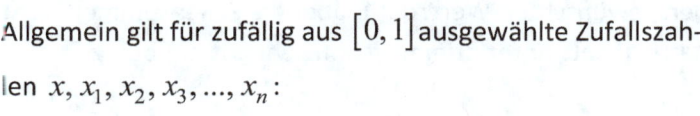

Allgemein gilt für zufällig aus $[0, 1]$ ausgewählte Zufallszahlen $x, x_1, x_2, x_3, ..., x_n$:

$$z_1 = \sqrt[n]{x} \text{ und } z_2 = \max(x_1, x_2, x_3, ..., x_n) \text{ haben identische Verteilungen.}$$

Iterative Proportional Fitting Procedure (ITFP)

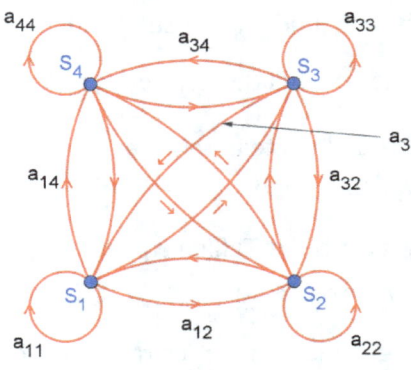

Die vier Städte S_1, S_2, S_3, S_4 sind mit Velowegen verbunden, die für den Veloverkehr von der Stadt S_i zur Stadt S_j eine Kapazität $a_{i,j}$ (mit $i,j \in \{1,2,3,4\}$) aufweisen.

Die derzeitige Anzahl Einwohner jeder Stadt ist bekannt. Die zukünftigen Einwohnerzahlen in einem Jahr werden geschätzt. Auf Grund dieser Schätzungen sollen die Kapazitäten der Velowege, die die Städte verbinden, angepasst werden.

Die Zahl $a_{i,j}$ könnte aber auch für die Kapazität der Telefonverbindung von der Stadt S_i zur Stadt S_j stehen. Bei sich ändernden Einwohnerzahlen sollen diese Kapazitäten angepasst werden.

Eine Methode, dies zu tun, ist das ' Iterative Proportional Fitting Procedure (ITFP), das auch als 'Matrix Scaling' oder 'Matrix Balancing' bezeichnet wird. Diese Methode wird hier an einem Beispiel erklärt. Die Matrix links oben ist eine Ausgangsmatrix, die von Wikipedia übernommen wurde:

Stadt:	1	2	3	4	Ist:	Soll:		qz
1	40.00	30.00	20.00	10.00	100.00	150.00		1.5000
2	35.00	50.00	100.00	75.00	260.00	300.00		1.1538
3	30.00	80.00	70.00	120.00	300.00	400.00		1.3333
4	20.00	30.00	40.00	50.00	140.00	150.00		1.0714
Ist:	125.00	190.00	230.00	255.00	800.00			
Soll:	200.00	300.00	400.00	100.00		1000.00		

Stadt:	1	2	3	4	Ist:	Soll:
1	60.00	45.00	30.00	15.00	150.00	150.00
2	40.38	57.69	115.38	86.54	300.00	300.00
3	40.00	106.67	93.33	160.00	400.00	400.00
4	21.43	32.14	42.86	53.57	150.00	150.00
Ist:	161.81	241.50	281.58	315.11	1000.00	
Soll:	200.00	300.00	400.00	100.00		1000.00
qs:	1.2360	1.2422	1.4206	0.3173		

Stadt:	1	2	3	4	Ist:	Soll:
1	74.16	55.90	42.62	4.76	177.44	150.00
2	49.92	71.67	163.91	27.46	312.96	300.00
3	49.44	132.50	132.59	50.78	365.31	400.00
4	26.49	39.93	60.88	17.00	144.30	150.00
Ist:	200.00	300.00	400.00	100.00	1000.00	
Soll:	200.00	300.00	400.00	100.00		1000.00

Stadt:	1	2	3	4	Ist:	Soll:		qz
1	74.16	55.90	42.62	4.76	177.44	150.00		0.8454
2	49.92	71.67	163.91	27.46	312.96	300.00		0.9586
3	49.44	132.50	132.59	50.78	365.31	400.00		1.0950
4	26.49	39.93	60.88	17.00	144.30	150.00		1.0395
Ist:	200.00	300.00	400.00	100.00	1000.00			
Soll:	200.00	300.00	400.00	100.00		1000.00		

Stadt:	1	2	3	4	Ist:	Soll:
1	62.69	47.26	36.03	4.02	150.00	150.00
2	47.85	68.70	157.13	26.33	300.00	300.00
3	54.13	145.09	145.18	55.60	400.00	400.00
4	27.53	41.51	63.29	17.67	150.00	150.00
Ist:	192.21	302.55	401.62	103.62	1000.00	
Soll:	200.00	300.00	400.00	100.00		1000.00
qs:	1.0405	0.9916	0.9960	0.9651		

Stadt:	1	2	3	4	Ist:	Soll:
1	65.23	46.86	35.88	3.88	151.86	150.00
2	49.79	68.12	156.49	25.41	299.81	300.00
3	56.33	143.86	144.59	53.66	398.44	400.00
4	28.65	41.16	63.03	17.06	149.89	150.00
Ist:	200.00	300.00	400.00	100.00	1000.00	
Soll:	200.00	300.00	400.00	100.00		1000.00

Stadt:	1	2	3	4	Ist:	Soll:		qz
1	65.23	46.86	35.88	3.88	151.86	150.00		0.9878
2	49.79	68.12	156.49	25.41	299.81	300.00		1.0006
3	56.33	143.86	144.59	53.66	398.44	400.00		1.0039
4	28.65	41.16	63.03	17.06	149.89	150.00		1.0007
Ist:	200.00	300.00	400.00	100.00	1000.00			
Soll:	200.00	300.00	400.00	100.00		1000.00		

Stadt:	1	2	3	4	Ist:	Soll:
1	64.44	46.28	35.44	3.84	150.00	150.00
2	49.82	68.16	156.59	25.42	300.00	300.00
3	56.55	144.43	145.16	53.86	400.00	400.00
4	28.67	41.19	63.08	17.07	150.00	150.00
Ist:	199.47	300.06	400.27	100.19	1000.00	
Soll:	200.00	300.00	400.00	100.00		1000.00
qs:	1.0026	0.9998	0.9993	0.9981		

Stadt:	1	2	3	4	Ist:	Soll:
1	64.61	46.28	35.42	3.83	150.13	150.00
2	49.95	68.15	156.49	25.37	299.96	300.00
3	56.70	144.40	145.06	53.76	399.92	400.00
4	28.74	41.18	63.03	17.03	149.99	150.00
Ist:	200.00	300.00	400.00	100.00	1000.00	
Soll:	200.00	300.00	400.00	100.00		1000.00

Von links nach rechts oben: Zuerst wird in der Ausgangsmatrix jeder Eintrag in der jeweiligen **Zeile** mit dem Zeilenfaktor qz = Soll / Ist multipliziert. In der mittleren Matrix stimmen darum die Zeilensummen mit den gewünschten Werten überein, die Spaltensummen aber noch nicht. Darum werden jetzt die **Spalteneinträge** mit dem Spaltenfaktor qs = Soll / Ist multipliziert. Damit haben in der Matrix rechts aussen die Spaltensummen den gewünschten Wert, dafür aber die Zeilensummen nicht mehr. Dieses Verfahren wird iteriert; die Matrix rechts unten stimmt schon sehr gut mit den gewünschten Resultaten überein!

Zu diesem Verfahren und zu seiner Konvergenz existiert eine reichhaltige Literatur, z. B. *Kruithof, J (February 1937). "Telefoonverkeersrekening (Calculation of telephone traffic)". De Ingenieur. 52 (8): E15–E25.* Siehe auch: https://en.wikipedia.org/wiki/Iterative_proportional_fitting.

Hier diese Matrizen in besser lesbarer Form:

Stadt:	1	2	3	4	Ist:	Soll:
1	40.00	30.00	20.00	10.00	100.00	150.00
2	35.00	50.00	100.00	75.00	260.00	300.00
3	30.00	80.00	70.00	120.00	300.00	400.00
4	20.00	30.00	40.00	50.00	140.00	150.00
Ist:	125.00	190.00	230.00	255.00	800.00	
Soll:	200.00	300.00	400.00	100.00		1000.00

qz:	Stadt:	1	2	3	4	Ist:	Soll:
1.5000	1	60.00	45.00	30.00	15.00	150.00	150.00
1.1538	2	40.38	57.69	115.38	86.54	300.00	300.00
1.3333	3	40.00	106.67	93.33	160.00	400.00	400.00
1.0714	4	21.43	32.14	42.86	53.57	150.00	150.00
	Ist:	161.81	241.50	281.58	315.11	1000.00	
	Soll:	200.00	300.00	400.00	100.00		1000.00
	qs:	1.2360	1.2422	1.4206	0.3173		

Stadt:	1	2	3	4	Ist:	Soll:
1	74.16	55.90	42.62	4.76	177.44	150.00
2	49.92	71.67	163.91	27.46	312.96	300.00
3	49.44	132.50	132.59	50.78	365.31	400.00
4	26.49	39.93	60.88	17.00	144.30	150.00
Ist:	200.00	300.00	400.00	100.00	1000.00	
Soll:	200.00	300.00	400.00	100.00		1000.00

qz:	Stadt:	1	2	3	4	Ist:	Soll:
0.8454	1	62.69	47.26	36.03	4.02	150.00	150.00
0.9586	2	47.85	68.70	157.13	26.33	300.00	300.00
1.0950	3	54.13	145.09	145.18	55.60	400.00	400.00
1.0395	4	27.53	41.51	63.29	17.67	150.00	150.00
	Ist:	192.21	302.55	401.62	103.62	1000.00	
	Soll:	200.00	300.00	400.00	100.00		1000.00
	qs:	1.0405	0.9916	0.9960	0.9651		

Stadt:	1	2	3	4	Ist:	Soll:
1	65.23	46.86	35.88	3.88	151.86	150.00
2	49.79	68.12	156.49	25.41	299.81	300.00
3	56.33	143.86	144.59	53.66	398.44	400.00
4	28.65	41.16	63.03	17.06	149.89	150.00
Ist:	200.00	300.00	400.00	100.00	1000.00	
Soll:	200.00	300.00	400.00	100.00		1000.00

qz:	Stadt:	1	2	3	4	Ist:	Soll:
0.9878	1	64.44	46.28	35.44	3.84	150.00	150.00
1.0006	2	49.82	68.16	156.59	25.42	300.00	300.00
1.0039	3	56.55	144.43	145.16	53.86	400.00	400.00
1.0007	4	28.67	41.19	63.08	17.07	150.00	150.00
	Ist:	199.47	300.06	400.27	100.19	1000.00	
	Soll:	200.00	300.00	400.00	100.00		1000.00
	qs:	1.0026	0.9998	0.9993	0.9981		

Stadt:	1	2	3	4	Ist:	Soll:
1	74.16	55.90	42.62	4.76	177.44	150.00
2	49.92	71.67	163.91	27.46	312.96	300.00
3	49.44	132.50	132.59	50.78	365.31	400.00
4	26.49	39.93	60.88	17.00	144.30	150.00
Ist:	200.00	300.00	400.00	100.00	1000.00	
Soll:	200.00	300.00	400.00	100.00		1000.00

Stadt:	1	2	3	4	Ist:	Soll:
1	65.23	46.86	35.88	3.88	151.86	150.00
2	49.79	68.12	156.49	25.41	299.81	300.00
3	56.33	143.86	144.59	53.66	398.44	400.00
4	28.65	41.16	63.03	17.06	149.89	150.00
Ist:	200.00	300.00	400.00	100.00	1000.00	
Soll:	200.00	300.00	400.00	100.00		1000.00

Stadt:	1	2	3	4	Ist:	Soll:
1	64.61	46.28	35.42	3.83	150.13	150.00
2	49.95	68.15	156.49	25.37	299.96	300.00
3	56.70	144.40	145.06	53.76	399.92	400.00
4	28.74	41.18	63.03	17.03	149.99	150.00
Ist:	200.00	300.00	400.00	100.00	1000.00	
Soll:	200.00	300.00	400.00	100.00		1000.00

Ellipse oder nicht?

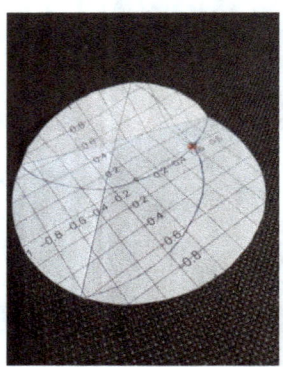

Auf einem Blatt Papier wurde ein Kreis k mit Radius r gezeichnet, sowie ein Punkt P in seinem Innern mit einem Abstand a von dessen Mittelpunkt. Teile des Kreises werden nun viele Male immer so gefaltet, dass der jeweils eingefaltete Bogen auf den Punkt P zu liegen kommt. Die entstehenden Faltgeraden t sind Tangenten an eine spezielle Kurve im Innern dieses Kreises. Könnte diese Kurve allenfalls eine Ellipse sein?!

Ohne Einschränkung der Allgemeinheit wählen wir ein Koordinatensystem mit dem Kreismittelpunkt im Ursprung, sowie einen Punkt P mit den Koordinaten $P(a,0)$. Ein allgemeiner Punkt V auf der Peripherie des Kreises hat die Koordinaten $V\left(u,\sqrt{r^2-u^2}\right)$. Die Steigung der Geraden PV ist gleich $m=\dfrac{\sqrt{r^2-u^2}}{u-a}$

und damit die Steigung der Tangente $m_t=\dfrac{a-u}{\sqrt{r^2-u^2}}$. Ausserdem geht die gesuchte Kurve durch die

Punkte $S_1\left(\dfrac{a-r}{2},0\right)$ und $S_2\left(\dfrac{a+r}{2},0\right)$. Die Tangente t enthält den Mittelpunkt der Strecke VP.

Dies ergibt die Gleichung der Tangenten $t:\ y(x)=\dfrac{a-u}{\sqrt{1-u^2}}\cdot x+\dfrac{\sqrt{1-u^2}}{2}-\dfrac{(a-u)\cdot(u+a)}{2\cdot\sqrt{1-u^2}}$, wobei

im Folgenden ohne Einschränkung der Allgemeinheit der Radius $r=1$ gewählt wurde.

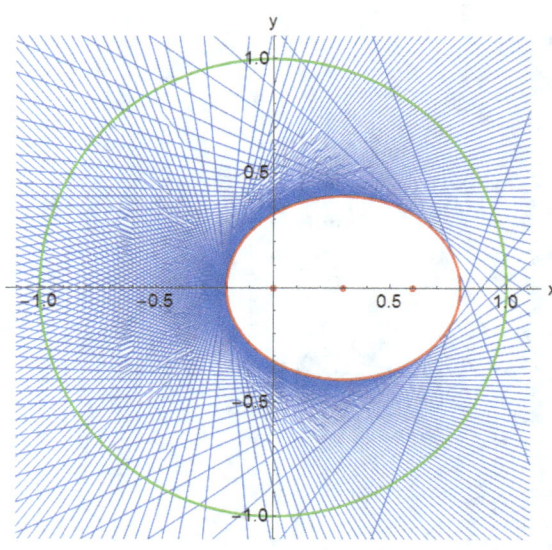

In der links wiedergegebenen Figur wurden, für $a=0.6$, alle 67 Tangenten mit $u=-0.99$ bis $u=0.99$, in Schritten von $\Delta u=0.03$, eingezeichnet, zusammen mit ihren an der $x-$ Achse gespiegelten Spiegelbildern.

Weiter findet sich in der gleichen Figur in Rot die wunderbar passende Ellipse mit der Gleichung

$$\frac{(x-a/2)^2}{(1/2)^2}+\frac{y^2}{\left(\sqrt{1-a^2}/2\right)^2}=1\,.$$

Die Punkte $O(0,0)$ und $P(a,0)$ sind die Brennpunkte der Ellipse, und $Z\left(\dfrac{a}{2},0\right)$ ist ihr Mittelpunkt.

Es ist eine Ellipse!

Zum **Beweis** gehen wir von der oben hergeleiteten Tangentengleichung für die Tangenten t dieser gesuchten Kurve aus:

$$t : y(x,u) = \frac{a-u}{\sqrt{1-u^2}} \cdot x + \frac{\sqrt{1-u^2}}{2} - \frac{(a-u)\cdot(u+a)}{2\cdot\sqrt{1-u^2}}.$$

Die Tangenten hüllen diese Kurve ein. Um die Eingehüllte selber zu finden, wird die Ableitung der Tangentengleichung nach dem Parameter u berechnet: Diese ergibt, der Einfachheit halber für $a = \frac{3}{5}$:

$$\frac{d}{du} y(x,u) = \frac{-25x + u(8+15x)}{25\left(1-u^2\right)^{3/2}}$$

Wird dieser Term gleich Null gesetzt und nach u aufgelöst, ergibt sich $u = \frac{25x}{8+15x}$. Aus der Geradengleichung ergibt sich mit diesem Wert für den Parameter u:

$$y = \frac{4}{25}(8+15x)\sqrt{\frac{4+15x-25x^2}{(8+15x)^2}}$$, was quadriert auf $\frac{16}{25} + \frac{12x}{5} - 4x^2 = \frac{25y^2}{4}$ führt. Diese Gleichung ist äquivalent zu den Gleichungen

$$\frac{(x-a/2)^2}{(1/2)^2} + \frac{y^2}{\left(\sqrt{1-a^2}/2\right)^2} = 1 \underset{a=0.6}{\Leftrightarrow} \frac{(x-0.3)^2}{0.5^2} + \frac{y^2}{0.4^2} = 1.$$

Die gesuchte Kurve ist tatsächlich eine Ellipse! Interessant ist weiter die Tatsache, dass ihre grosse Halbachse für jeden Wert von a gleich dem halben Radius des Kreises k ist.

Halber Dreiecks–Inhalt gleich Inkreis–Inhalt

Gibt es Dreiecke, deren halber Inhalt gleich dem Inhalt ihres Inkreises ist?

Bezeichnen wir die Seitenlängen des Dreiecks mit a, b, c, dann ist sein Umfang $u = a + b + c$, und

sein halber Umfang wird $s := \dfrac{u}{2} = \dfrac{a+b+c}{2}$. Jetzt berechnet sich die Fläche des Dreiecks nach dem

Satz von Heron zu $A_\Delta = \sqrt{s(s-a)(s-b)(s-c)}$. Die Fläche ist aber auch gleich $s \cdot \rho$, wenn ρ der

Inkreisradius des Dreiecks ist. Folglich ist $\rho = \sqrt{\dfrac{(s-a)(s-b)(s-c)}{s}}$; damit wird der Flächeninhalt

des Inkreises $A_O = \pi \rho^2 = \pi \cdot \dfrac{(s-a)(s-b)(s-c)}{s}$.

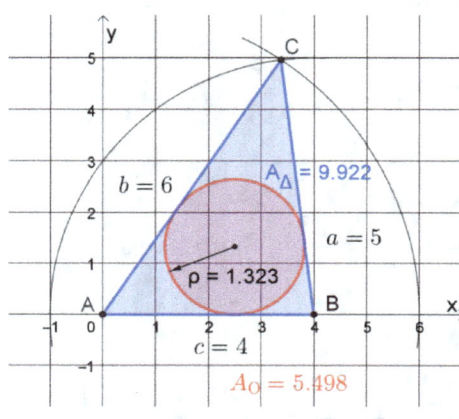

Im links dargestellten Beispiel ist $a = 5$, $b = 6$, $c = 4$, und damit kann leicht überprüft werden, dass $s = 7.5$, $\rho \approx 1.323$, $A_\Delta \approx 9.922$ und $A_O \approx 5.498$ wird.

Offensichtlich ist in diesem Beispiel der Inhalt des Inkreises grösser als die halbe Dreiecksfläche.

Die Gleichung $\left(2A_O\right)^2 = \left(A_\Delta\right)^2$ lässt sich, mit den Seitenlängen ausgedrückt und vereinfacht, wie folgt angeben:

$$(a+b+c)^3 - 4\pi^2 (a+b-c)(a-b+c)(-a+b+c) = 0.$$

Daraus wird klar, dass es keine ganzzahligen Lösungen für a, b, c geben kann. Weiter sind alle gleichschenkligen Dreiecke, die die Bedingung erfüllen, ähnlich entweder zum Dreieck mit den Seiten $a = 1$, $b = 1$, $c \approx 0.5265611$ oder zum Dreieck mit den Seiten $a = 1$, $b = 1$, $c \approx 1.522351$:

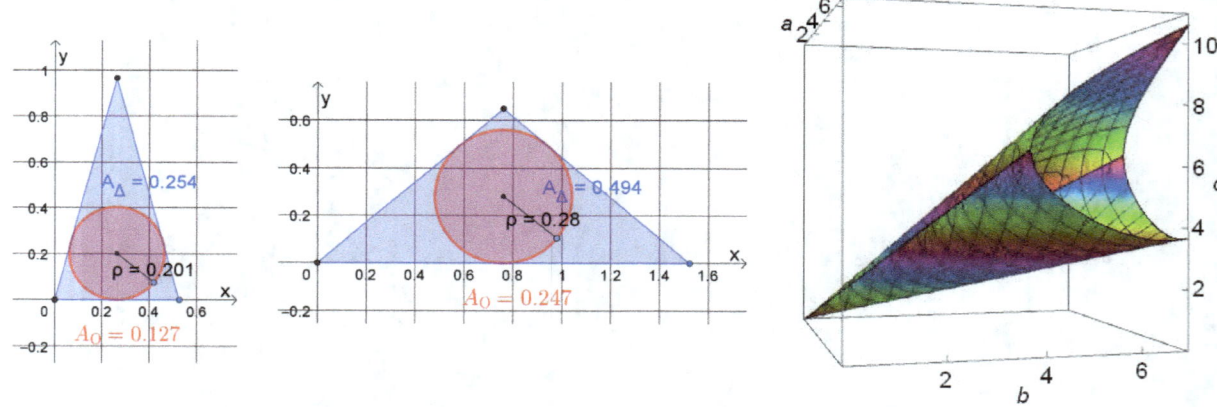

In der dritten Grafik sind die möglichen Lösungen von c in Abhängigkeit von a und b dargestellt. Daraus wird auch klar, dass es für z. B. $a = 6$ und $b = 2$ keine positive, reelle Lösung für c geben kann. Bei gegebenem a muss b (experimentell) im Intervall $\left(0.5175a, 1.9322a\right)$ liegen.

That's it, folks! If you liked it, let me know: hukkeller@bluewin.ch.